2006年版

公路工程监理工程师执业资格考试应试辅导

〈监理理论〉分册

魏道升　黄显贵　范智杰　主编

人民交通出版社
China Communications Press

内 容 提 要

《公路工程监理工程师执业资格考试应试辅导＜监理理论＞分册》依托考试大纲，总结了各部分考试内容的知识要点，给出了重点复习题和参考答案，供考生复习备考。同时在书中附有复习题、模拟试题、历年考题，并给出参考答案，供考生考前练习和模拟。

本书可供参加交通部公路工程监理工程师执业资格考试的考生进行考前培训和复习备考之用。

图书在版编目（CIP）数据

公路工程监理工程师执业资格考试应试辅导. 监理理论分册 / 魏道升，黄显贵，范智杰主编. –北京：人民交通出版社，2006.3
ISBN 7-114-05961-2

Ⅰ.公… Ⅱ.①魏… ②黄…③范… Ⅲ.道路工程–工程施工–监督管理–资格考试–自学参考资料
Ⅳ.U415.1

中国版本图书馆 CIP 数据核字（2006）第 023703 号

Gonglu Gongcheng Jianli Gongchengshi Zhiye Zige Kaoshi Yingshi Fudao 〈Jianli Lilun〉Fence

书　　名：公路工程监理工程师执业资格考试应试辅导＜监理理论＞分册
著 作 者：魏道升　黄显贵　范智杰
责任编辑：陈志敏　邵　江
出版发行：人民交通出版社
地　　址：（100011）北京市朝阳区安定门外外馆斜街 3 号
网　　址：http://www.ccpress.com.cn
销售电话：（010）85285838，85285995
总 经 销：北京中交盛世书刊有限公司
经　　销：各地新华书店经销
印　　刷：北京宝莲鸿图科技有限公司
开　　本：787×1092　1/16
印　　张：6.75
字　　数：160 千
版　　次：2006 年 3 月　第 1 版
印　　次：2006 年 3 月　第 1 次印刷
书　　号：ISBN 7-114-05961-2
定　　价：16.00 元

出版说明

公路工程监理工程师执业资格考试，是我国交通建设工程监理执业资格管理体制改革的一项重大举措，其目的是为了规范公路工程监理工程师执业资格管理，通过科学、公平、客观、合理地考核应考者的工程专业技术与管理水平、监理知识及分析解决工程实际问题的能力，以选拔监理人才，提高交通建设监理队伍的整体素质。

2006 年公路工程监理工程师执业资格考试即将开始，为满足广大考生复习备考的需要，人民交通出版社特组织有多年培训经验的专家，编写了公路工程监理工程师执业资格考试应试辅导系列丛书。本丛书共包括如下 5 册：

1. <监理理论>分册（魏道升　黄显贵　范智杰　主编）

2. <合同管理>分册（黄显贵　魏道升　范智杰　主编）

3. <公路工程经济>分册（黄显贵　范智杰　魏道升　主编）

4. <道路与桥梁>分册（范智杰　黄显贵　魏道升　主编）

5. <综合考试>分册（范智杰　黄显贵　魏道升　主编）

本丛书各分册作者都是长期从事全国公路工程监理工程师培训的教授，具有丰富的现场监理经验，并参加了 2003 ~ 2005 年交通部注册监理工程师考前培训工作，经验丰富，深知考试要点和考生复习备考关键。

本丛书出版前已经作为公路监理工程师考试考前培训内部教材使用两年，编写质量较好。

本丛书各分册从考试大纲入手，总结了考试要点，列出了常见的出题点，给出了大量的复习题，并附历年考题和考前模拟题，供考生复习和考前训练。

我们衷心希望本套丛书能够帮助考生顺利通过考试。

人民交通出版社

2006 年 3 月

目　录

第一部分　基本知识

一、工程项目管理知识要点

1. 了解工程项目的概念和工程项目的必备条件。

1)工程项目也称建设项目。一个项目可以是一个单位工程,也可以是一个系统的群体工程。

2)项目的特征:目标性、系统性、一次性。其中目标性,又进一步分为成果性目标(投资理由)和约束性目标(质量、费用、进度)。

3)工程项目的必备条件:

(1)工程要有明确的建设目的和投资的理由(成果性目标);

(2)工程要有明确的建设任务量,即要有确定的建设范围、具体内容及质量目标(三大约束性目标);

(3)工程各组成部分之间要有明确的组织关系,应是一个系统;

(4)项目实施的一次性。

2. 熟悉工程项目管理三大目标之间的关系(动态)(选、判、述)。[1]

1)正确处理好三大目标关系的要点:作用与反作用、对立统一,质量高、费用高、工期相对长;反作用,质量完成得好,减少了返工节省了费用和时间。

2)三大目标之间的重要性顺序(选):一般同等重要,不同时期重要程度不同(优先保证的目标是与质量相关的目标,见下一点)。

3)工程建设监理目标优先保证是:安全可靠、功能使用、施工质量。

【例题】

(1)有关工程监理三大目标的叙述,正确的有(DE)。

A. 质量控制最重要　　B. 费用控制最重要　　C. 费用控制最重要

D. 通常是一样重要　　E. 在不同时期其重要性不同

(2)在工程项目建设监理的目标中,(ACD)必须优先予以保证。(2004、2005 年试题)

A. 安全可靠性　　B. 投资费用　　C. 使用功能

D. 施工质量　　E. 工程进度

(3)在建设工程的实施过程中,如果提高工程质量标准,一般会导致(C)。

A. 投资增加,工期缩短　　B. 投资减少,工期延长

C. 投资增加,工期延长　　D. 投资减少,工期缩短

3. 熟悉基本建设程序。

1)简化的基本建设程序阶段(决策、实施、使用)与世界银行程序对比(见《监理概论》P54 页)。[2]

注:[1]选、判、述,分别指选择题、判断题、论述题,指本条内容的可能出题方式,全书余同。

[2]《监理概论》,刘健新主编,人民交通出版社,1999 年出版,全书余同。

2)初步设计文件的内容(见《监理概论》P50、选)。

3)三阶段设计的含义:初步设计、技术设计、施工图设计。

【例题】

(1)公路工程基本建设程序可分为决策阶段和实施阶段。(✓)

(2)下列哪些属于初步设计内容(ABCE)

A. 设计指导思想和依据　　B. 施工组织规划设计　　C. 劳动力需要量

D. 施工详图　　E. 建设工期

二、工程施工监理知识要点

1. 了解国内外监理的情况。

1)国外:QS、CM、PM 。

2)国内:现行的监理制度建立在 PM 的基础上。

2. 了解工程施工监理相关的学科:投资学、技术经济学、组织论、工程监理学(含工程项目管理学)。

【例题】

(1)工程项目管理学的母科学是(C)。

A. 投资学　　B. 工程监理学　　C. 项目管理学　　D. 技术经济学

(2)工程监理学的母科学是(B)。

A. 投资学　　B. 工程项目管理学　　C. 项目管理学　　D. 技术经济学

(3)工程监理的相关学科是 (CDEF)。(2004 年试题)

A. 系统工程　　B. 经济管理学　　C. 投资学

D. 技术经济学　　E. 组织学　　F. 工程监理学

3. 熟悉工程监理(施工监理)**的概念**(选、简)(见《监理概论》P37、P71)。

是对工程建设的有关活动的监督与管理,是一项目标性很明确的具体行为,它不同于一般性的监督管理,而是一个以严密的制度构成为显著特征的综合管理行为(即全方位、统筹兼顾、协调平衡)。

建设单位委托或指定监理工程师(单位)全面监督、管理工程实施,对工程质量、进度、费用全面监理。

4. 熟悉施工监理管理模式及其优点(见《监理概论》P35、P72-73)、**监理核心和 3 大优点。**

1)施工监理的管理模式是以国际通用的 FIDIC 土木工程合同为基础,形成建设单位、承建单位、监理单位三者互相制约,以监理单位为核心的管理模式。与传统管理模式比较有其三大优点。

2)施工监理管理模式的优点(见例题):

【例题】

公路工程实行社会监理的优点是(ABC)。(2003 年试题)

A. 赋予监理工程师全面监督管理的权限,加强其地位

B. 有助于提高管理水平

C. 有助于转变各级政府主管部门的职能

D. 有利于提高工程质量和加快工程进度

E. 有利于控制费用、节约投资

5. 掌握工程施工监理的有关行为主体，以及它们之间的关系（选、判、述）。

1）强调监理与业主之间是委托关系，而不是雇佣、业主代表、领导的关系。

2）监理与承包人的关系是监理与被监理的关系。

【例题】

（1）监理工程师与业主的关系是（ B ）。

A. 监理和被监理　　B. 委托与被委托

C. 雇佣与被雇佣　　D. 相当于业主代表

（2）在工程项目建设中，始终处于主要负责者地位的是（ A ）。（2004 年试题）

A. 项目法人　　B. 监理单位　　C. 承包人　　D. 政府建设主管部门

（3）监理工程师的指令对业主同样有约束力。（✓）

三、重点复习题及参考答案

1. 单选题（将正确答案的序号填入括号内）

（1）在公路工程监理活动中，承包人是依据（ ）接受监理的。

A. 施工合同文件　　B. 监理委托合同

C. 监理单位给承包人的书面通知　　D. 项目法人给承包人的书面通知

（2）公路工程基本建设程序划分的阶段有：（1）列入年度基本建设计划；（2）可行性研究，编制设计任务书；（3）施工；（4）设计和编制概（预）算；（5）竣工验收，交付使用。它们的先后顺序正确的是（ ）。

A.（1）（3）（2）（4）（5）　　B.（2）（3）（4）（1）（5）

C.（2）（4）（1）（3）（5）　　D.（4）（1）（2）（3）（5）

（3）利用世行贷款建设的公路工程，其施工招标必须采用（ ）。

A. 国内竞争性招标（公开招标）　　B. 国内有限招标（邀请招标）

C. 国际竞争性招标　　D. 国际有限招标

（4）利用世行贷款建设的公路工程，选择监理队伍必须采用（ ）。

A. 国内竞争性招标　　B. 国际竞争性招标

C. 国内有限招标　　D. 国际有限招标

（5）在工程建设过程中如果提高工程质量标准，一般会导致（ ）。

A. 投资增加，工期延长　　B. 投资增加，工期缩短

C. 投资减少，工期延长　　D，投资减少，工期缩短

2. 多选题（将正确答案的序号填入括号内）

（1）组织论所研究的组织结构包括下列（ ）内涵。

A. 组织结构模式　　B. 工作流程

C. 任务分工　　D. 管理职能分工

（2）根据项目法人责任制在实施工程监理的工程项目中业主应当负责完成（ ）工作。

A. 组织编写工程招标文件、投标资格预审、开标、评标

B. 选择确定设计、施工单位

C. 确定工程项目投资、进度、质量总目标

D. 筹集项目所需资金

E. 实施目标控制

(3)法人应具备的条件是(　　)。

A. 有行政主管部门的明确授权　　B. 有必要的财产和经费

C. 有自己的名称,组织机构和场所　　D. 能够独立承担民事责任

E. 按照法定程序成立

(4)监理系统含(　　)。

A. 监理主体　　B. 监理对象　　C. 目标

D. 调节功能　　E. 信息反馈

(5)世界银行贷款公路项目的工作程序是(　　)(按程序先后顺序填写选项序号)。

A. 项目的构思　　B. 项目的选定　　C. 项目的建议

D. 项目的准备　　E. 项目的评估　　F. 项目的谈判

G. 项目的执行　　H. 项目的后评价

(6)下列工程的施工监理必须执行《公路工程施工监理规范》的是(　　)。

A. 列入公路基本建设计划的公路工程项目

B. 外资贷款、合资的公路工程项目

C. 其他计划外自筹资金建设的公路工程项目

(7)国际上监理的法规体系一般有(　　)等几部分。

A. 国家法律　　B. 行业行政法规　　C. 技术规范和标准　　D. 合同文件

3. 判断题(对的打"✓",错的打"×")

(1)我国全面实行工程建设监理制的最主要最基本的外部环境条件是建立完善的社会主义市场经济体制。(　)

(2)利用世行贷款建设的公路项目只能执行世行规定的工作程序,而不能按我国公路工程基本建设程序办事。(　)

(3)项目的评估是世界银行的任务,由他们直接进行这一阶段的工作。(　)

(4)三阶段设计是指初步设计、技术设计和施工图设计。(　)

(5)监理工程师是根据他与承包人签订的合同执行监理工作的。(　)

(6)工程监理的行业行政法规,其目的在于制约被监理者的行为。(　)

参考答案

1. 单选题

(1)A　(2)C　(3)C　(4)D　(5)A

2. 多选题

(1)ACD　(2)ABCD　(3)BCDE　(4)ABCDE　(5)BDEFGH

(6)AB　(7)ABCD

3. 判断题

(1)✓　(2)×　(3)✓　(4)✓　(5)×　(6)×

第二部分　公路工程施工监理体制和公路工程质量保证体系

一、公路工程施工监理体制和公路工程质量保证体系知识要点

1. 熟悉工程监理体制的基本构架：一个体系（即自成体系）；**两个层次**（政府监督和社会监理）；**多种方式**（业主可有多种选监理的方式）。

2. 熟悉公路工程质量保证体系：政府监督、社会监理、企业自检。

三环节的地位与作用：（选、判）

政府监督：龙头地位，强化政府监督的作用。

社会监理：工程管理的核心地位，对工程质量影响产生重大作用。

企业自检：产品直接生产者是质量形成者的地位，起到实现三大目标的必要条件和形成保证体系的前提条件的作用。

【例题】

（1）凡是列入国家基本建设计划的公路项目应实行三组成部分的质量保证系统。（✓）

（2）工程监理的实质是监理工程师在工程管理中处于核心地位，运用业主授予的权力，对三大目标实行全面监理。（✓）（2005 年试题）

3. 掌握政府监督的性质、依据、任务。

1）政府监督的含义：是指建设主管部门或质检部门对建设活动进行监督；对社会监理的监督管理。

2）政府监督的性质：强制性、执法性、全面性、宏观性。

3）政府监督的依据：法规、设计、标准。

4）政府监督的任务：部总站和各省级站的任务。

5）质检站的工作内容。

【例题】

（1）政府监督具有如下性质（ BCDE ）。

A. 公正性　　B. 强制性　　C. 全面性　　D. 执法性　　E. 宏观性

（2）在工程项目实施过程中（EFGH）均应接受质量监督部门的监督。

A. 工程质量　　B. 工程费用　　C. 工程进度　　D. 工程安全

E. 建设单位　　F. 设计单位　　G. 施工单位　　H. 监理单位

4. 掌握社会监理（施工监理、工程监理）**的性质、依据、任务。**

1）监理的性质：独立性、公正性、服务性、科学性（干扰项用政府监督）。

【例题】

（1）社会监理的性质有（ABDE）。

A. 公正性　　B. 服务性　　C. 强制性　　D. 科学性　　E. 独立性

(2)监理工程师的公正是以（ A ）为前提的。

A. 独立性　　B. 科学性　　C. 委托性　　D. 诚实性

(3)如果不具有(A)，监理就难以保证三大目标的实现。(2005 年试题)

A. 科学性　　B. 服务性　　C. 独立性　　D. 委托性

(4)监理单位只有具备了维护其独立性，公正性所需要的条件和从事监理工作应当具备的人员素质、专业技能、管理水平、监理经验等条件，才能有效地开展工程建设监理业务。(✓)(2005 年试题)

2)监理的依据：与政府监督相同(法规、设计、标准)，还有三个直接依据(2 个合同及现场的多种文件资料)。

【例题】

(1)有关“规范”的叙述正确的是(ABCD)。

A. 其是合同文件的必备部分　　B. 其是一种技术法规

C. 其是计量支付的依据之一　　D. 其是质量控制的依据

(2)公路工程施工过程中，施工监理的主要依据是(A)。(2005 年试题)

A. 监理委托合同及施工承包合同　　B. 建设单位的会议纪要

C. 设计合同文件　　D. 质量监督信息

(3)在工程项目实施过程中，监理、业主、承包人三方之间来往的函件也是监理的依据。(✓)

(4)施工监理业务的依据，是根据国家法律和有关技术，经济法规和技术标准而订立的施工合同文件。(✓)

3)监理的任务：简单是三控、两管、一协调；还应注意其中重点是合同管理的内容(见《监理概论》P154-168)，合同的分类；合同管理的内容分包、保险、变更、延期、索赔、违约和争端(主要是施工阶段)。

【例题】

(1)公路工程监理的主要内容“三监控二管理”系指(D)。

A. 质量监理、进度监理、费用监理、合同管理、工程管理

B. 质量监理、进度监理、费用监理、材料管理、设备管理

C. 质量监理、进度监理、费用监理、信息管理、工程管理

D. 质量监理、进度监理、费用监理、合同管理、信息管理

(2)社会监理的主要任务是(ABCDEF)。

A. 质量监理　　B. 费用监理　　C. 进度监理

D. 合同管理　　E. 组织协调　　F. 信息管理

(3)在公路工程监理过程中，承包人应当按照 (A)的规定接受监理。

A. 公路工程承包合同　　B. 公路工程监理合同

C. 监理单位给承包人的书面通知　　D. 项目法人给承包人的书面通知

(4)下列违约中属于承包人一般违约的有(BC)。(2004 年试题)

A. 无正当理由不开工或拖延工期

B. 未按合同照管好工程

C. 由于承包人的责任，使业主的利益受到损害

D. 无视监理工程师的警告，一贯公然忽视履行合同规定的责任与义务

(5)监理工程师必须在确认延期事件满足（ ABDE)条件后，才能受理工程延期申请。

A. 由于非承包人的责任,工程不能按原定工期完工

B. 延期情况发生后,承包人在合同规定期限内向监理工程师发出工程延期的通知

C. 未经监理工程师同意,随意分包工程,或将整个工程分包出去

D. 延期时间终止后,承包人在合同规定的期限内,向监理工程师提交正式的延期申请报告

E. 承包人承诺继续按合同规定向监理工程师提交有关延期的详细资料,并根据监理工程师的要求随时提供有关证明

4)施工监理三阶段的划分和监理任务:见《监理概论》P78-79。

【例题】

监理单位最早从什么时间开始进入监理?

5. 掌握建立企业自检系统的工作内容。

1)自检系统构成:配备人员、配备设备、建立和健全标准化规范化制度。

【例题】

承包人的质量控制主要靠(　)来实现。

A. 监理工程师的监控　　B. 质量监督部门的监督

C. 承包人的质量自检体系　　D. 业主提供的条件

2)全面质量管理要点:6 点(见《监理概论》P80)。

(1)建立新的质量观(广义质量概念);

(2)贯彻生产全过程的质量管理;

(3)加强企业全方位的工作质量;

(4)贯彻以预防为主的原则,加强动态控制;

(5)面向市场,让客户满意;

(6)要按客观规律办事,尽量用数据说话。

3)全面质量管理方法:PDCA。

【例题】

(1)PDCA 循环的阶段是(ABCE)。

A. 计划　　B. 执行　　C. 检查　　D. 讨论　　E. 处理

(2)全面质量管理的基本点是(ABCDEFH)。

A. 质量第一　　B. 产品的质量就是其使用价值

C. 建立一套质量保证管理体系　　D. 通过工作质量来保证工程质量

E. 预防为主　　F. 下道工序是用户

G. 合理分包　　H. 按客观规律办理,尽量用数据说话

(3)推动 PDCA 循环转动的关键是(D)。(见《监理概论》P83,2004 试题)

A. P 阶段　　B. D 阶段　　C. C 阶段　　D. A 阶段

(4)PDCA 管理循环的四个阶段,符合"实践—认识—再实践—再认识"规律。(✓)

(2003、2004 年试题)

二、重点复习题及参考答案

1. 单选题(将正确答案的序号填入括号内)

(1)根据我国法律法规规定,公路工程分包的内容不得超过(　)比例。

A. 20%　　B. 30%　　C. 40%　　D. 50%

(2)在工程承包中,承包方工程质量太差,无法满足工程技术上的需求,经业主同意承包商可以(　)。

A. 将合同全部分包　　B. 将合同部分转让

C. 不履行合同　　D. 将工程部分分包

(3)各级质检站直接从事工程质量监督的工程技术人员不能少于该站人员总数的(　)。

A. 50%　　B. 60%　　C. 70%　　D. 80%

(4)施工监理的原则是(　)。

A. 各负其责,独立工作,互相尊重,密切合作

B. 协商为主,调解优先,独立公正,廉洁奉公

C. 严格监理,热情服务,秉公办事,一丝不苟

D. 服从监督,忠于业主,严守机密,热情服务

(5)监理工程师对工程项目三大目标的实现所起的作用是(　)。

A. 监控作用　　B. 保证作用　　C. 监控和保证作用

(6)监理工程师维护业主的利益表现在(　)。

A. 提高工程质量　　B. 力争反索赔

C. 在争端中为业主辩护　　D. 按合同条件监理工程

(7)(　)签订后即进入施工准备阶段的监理。

A. 工程承包合同　　B. 监理服务合同　　C. 设计委托合同

(8)工程质量主要取决于(　)。

A. 工作质量　　B. 企业管理水平

C. 企业素质　　D. 企业技术能力

(9)合同专用条件的效力(　)合同共同条件。

A. 高于　　B. 等同于

C. 低于　　D. 与共同条件无关

(10)履约保证金的清退应在(　)内完成。

A. 工程交工验收完成后 15 天

B. 工程竣工验收完成后 15 天

C. 工程交工验收完成后 14 天

D. 工程竣工验收完成后 14 天(缺陷责任期)

2. 多选题(将正确答案的序号填入括号内)

(1)下列哪些内容不属于质监站的任务(　　)。

A. 组织对质监人员、监理人员的培训　　B. 组织对重大工程质量事故的调查

C. 仲裁工程质量争端　　D. 组织对承包人施工组织计划进行审批

E. 进行监理单位、监理人员的资格审批　　F. 对设计单位的设计质量进行监督

(2)在工程项目实施过程中(　　)均应接受质量监督部门的监督。

A. 工程质量　　B. 工程费用　　C. 工程进度　　D. 工程安全

E. 建设单位　　F. 设计单位　　G. 施工单位　　H. 监理单位

(3)社会监理的性质是(　　)。

A. 服务性　　B. 公正性　　C. 独立性　　D. 科学性

E. 权威性　　F. 全面性　　G. 强制性　　H. 有效性

(4)有关“规范”的叙述正确的是(　　)。

A. 其是合同文件的必备部分　　B. 其是一种技术法规

C. 其是计量支付的依据之一　　D. 其是质量控制的依据

(5)施工监理的依据有(　　)。

A. 国家的法律、法规　　B. 公路工程标准、规范

C. 设计文件　　D. 施工合同文件

(6)有关工程施工质量监理阶段的说法正确的是(　　)。

A. 阶段不同,重点也不同　　B. 分为四个阶段

C. 分为三个阶段　　D. 第一阶段要审批承包人的质量保证体系

(7)施工监理包括(　　)三个阶段。

A. 设计阶段监理　　B. 施工准备阶段监理　　C. 交工及缺陷责任期监理

D. 施工阶段监理　　E. 质量监理　　F. 合同管理

(8)施工准备阶段,专业工程师应做好(　　)监理工作。

A. 检查承包人报送的测量放线控制成果及保护措施

B. 审查承包单位开工报表及相关资料

C. 审查分包单位资格报审表及相关资料

D. 参加设计交底会

E. 审查分包单位的业绩

(9)以下有关工程变更的叙述不正确的是(　　)。

A. 工程变更必须经监理工程师的批准才能生效

B. 工程变更,不得以任何方式使原合同作废或无效

C. 监理工程师应与承包人和业主就其工程变更费用评估的结果进行磋商,在意见难以统一时,业主应确定最终的价格

D. 任何情况下,监理工程师下达工程变更指令都只能以书面形式

E. 重大的工程变更应请业主和设计单位参加

(10)合同争议的解决方式有(　　)。

A. 和解　　B. 调解　　C. 仲裁　　D. 诉讼　　E. 强制

(11)以下对于分包的叙述不正确的是(　　)。

A. 一般分包中,由分包人对分包出去的工程承担合同所规定的义务

B. 指定分包是指业主或监理工程师根据工程需要而指定的分包

C. 业主不能直接向指定分包人付款,必须经过承包人代付

D. 承包人不能拒绝业主或监理工程师指定的分包人

E. 监理工程师应禁止承包人把大部分工程分包出去或层层分包

(12)工程变更可以由(　　)提出。

A. 业主　　B. 承包人

C. 监理工程师　　D. 其他第四方

(13)工程常见合同类型包括(　　)。

A. 总价合同　　B. 固定总价合同　　C. 单价合同

D. 单价与总价混合制合同　　E. 成本补偿合同　　F. 协议合同

(14)FIDIC 条款中涉及的保险项目包括(　　)。

A. 工程险　B. 人身意外险　C. 货物运输险

D. 第三者责任险　E. 承包人装备的保险　F. 机动车辆险

(15)工程变更的提出可以是(　　)。

A. 业主　B. 监理工程师　C. 承包商

D. 设计单位　E. 当地政府　F. 质监站

(16)承包人有下列(　　)事实时,可视为违约。

A. 给公共利益带来伤害、妨碍和不良影响

B. 无不当理由不开工或拖延工期

C. 由于不可预见的理由,不能继续履行合同义务

D. 未按合同照常施工

E. 由于自身责任,造成业主利益受损

. 不执行监理工程师指示

(17)下列(　　)项目,建筑工程一切险不予以赔偿。

A. 自然磨耗、氧化、侵蚀　B. 盗灾

C. 原材料缺陷或工艺不善造成的事故　D. 盘点货物当时发现的短缺

E. 雷灾　F. 海啸

(18)业主的风险有(　　)。

A. 战争　B. 暴乱　C. 以超音速飞机飞行产生的压力波

D. 所有工程设计不当造成的损失　E. 任何核物质所引起的污染

(19)凡列入基本建设计划的公路工程项目,都应实行(　　)的质量保证体系。

A. 政府监督　B. 施工监理　C. 社会监理　D. 企业自检

(20)PDCA 循环的阶段是(　　)。

A. 计划　B. 执行　C. 检查　D. 讨论　E. 总结　F. 处理

(21)全面质量管理的基本点是(　　)。

A. 质量第一　B. 产品的质量就是其使用价值

C. 建立一套质量保证管理体系　D. 通过工作质量来保证工程质量

E. 预防为主　F. 下道工序是用户

G. 合理分包　H. 按客观规律办理,尽量用数据说话

(22)企业自检的意义有(　　)。

A. 是形成公路工程质量体系的前提条件　B. 是全面质量管理的核心

C. 是 WBS 的第一步骤　D. 是实现质量进度、费用目标的必要条件

(23)在处理索赔事件时监理应(　　)。

A. 注意资料的积累　B. 及时、合理地处理索赔

C. 加强主动管理,减少工程索赔　D. 要求承包人作好事前控制

3. 判断题(对的打"✓",错的打"×")

(1)实行施工企业自检是实现工程建设费用、进度、质量目标的必要条件。(　)

(2)工程监理是建立完善的工程质量保证体系的前提和必要条件。(　)

(3)社会监理处于工程管理新体制中的主导地位。(　)

(4)有效合同价是指包含暂定金额费用之后的合同价格。(　)

(5)业主可以按比现行相关规范更严格的要求对承包人进行质量控制。 ( )

(6)当出现争端时,监理应站在业主一方。 ( )

(7)单价合同签订后,必要的变更涉及的新增单价价格由业主批准。 ( )

(8)监理单位及监理人员和承包人及施工人员以及业主的项目管理人员均应接受政府交通主管部门和公路工程质量监督部门的管理和监督检查。 ( )

(9)在工程项目实施过程中,监理、业主、承包人三方之间来往的函件也是监理的依据。 ( )

(10)施工监理业务的依据,是根据国家法律和有关技术,经济法规和技术标准而订立的施工合同文件。 ( )

4. 论述题

(1)论述目前我国的建设工程质量管理体制。

(2)工程项目的质量控制按其控制的主体可分为哪几类?各类分别以何种途径来实现?

(3)论述监理工程师受理工程延期必须满足的条件。

(4)论述公路工程监理的主要内容有哪些?

(5)某桥梁为3-30mT梁,承包人在施工过程中,在梁已架设完毕,进行下一部工序施工前,发现图纸中设计桥台台帽标高比路线纵断高程高20cm,监理对工程的处理意见为:将桥台帽标高下降20 cm,桥梁板重新安装,工程结束后,因为图纸是监理提供的,承包人提出费用、工期索赔,请你提出自己的处理意见。

参考答案

1. 单选题

(1)B (2)D (3)C (4)C (5)A (6)D (7)B (8)A (9)A (10)D

2. 多选题

(1)DF (2)EFGH (3)ABCDH (4)ABCD (5)ABCD
(6)ABD (7) BCD (8)ABC (9)CD (10)BCD
(11)ACD (12)ABC (13)ACE (14)ABDE (15)ABC
(16)BDEF (17)AD (18)ABCE (19)ACD (20)ABCF
(21)ABCDEFH (22)AD (23)ABCD

3. 判断题

(1)✓ (2)× (3)× (4)× (5)✓ (6)× (7)× (8)✓ (9)✓ (10)×

4. 论述题

(1)**答:**我国的建设工程质量管理体系是"政府监督、社会监理、企业自检"。此三者构成严密、完整、有机的质量保证体系,三个环节缺一不可。政府监督处于主导地位,社会监理处于管理新体制的核心地位,施工企业建立完善的自检系统是形成工程质量保证体系的前提条件。

(2)**答:**工程项目的质量控制按其控制的主体可分为业主的质量控制、承包单位的质量控制、政府的质量控制三类。业主的质量控制是通过委托社会监理形式实现,承包单位的质量控制靠承包人的质量自检体系来实现,政府的质量控制是通过行政主管部门及各级质监站来实现。

(3)**答:**监理工程师受理工程延期必须满足的条件有:①由于非承包人的责任,工程不能按原定工期完工;②延期情况发生后,承包人在合同规定期限内向监理工程师提交工程延期意向;③承包人承诺继续按合同规定向监理工程师提交有关延期的详细资料,并根据监理工程师需求随时提供有关证明;④延期时间终止后,承包人在合同规定的期限内,向监理工程师提交正式的延期申请报告。

(4)**答**:公路工程监理的主要内容有:

工程质量监理,工程进度监理,工程费用监理,合同管理,信息管理,组织协调,即常说的“三监控、二管理、一协调”。

(5)**答**:答案要点:

①承包人的依据是合同的6.1条及20.1条(g)规定:图纸由监理提供规范中规定,承包人必须严格按图施工,不对设计负责,故提出索赔。

②监理应根据合同及规范中规定,在施工前,承包人必须对设计图进行认真审核,并对几何尺及控制坐标进行全面计算,在施工放样中加以核实,而这一部份的失误应由承包人自行承担,故工期费用索赔不成立。

第三部分　监理组织、职责与权限

一、组织论基本概念及知识要点

1. 了解论组织的含义和作用:4 层含义(目标、责任制、系统、运转);**4 个作用**(完成任务、秩序和预见性、竞争力和综合效益、向心力和自信心)。

2. 掌握组织设计的四大原则(多选题,见《监理概论》P88)。

1)目的性原则;

2)有效管理跨度原则;

3)集权与分权相结合原则;

4)责、权、力、效、利相匹配的原则。

【例题】

(1)组织设计的原则包括:(ABDE)。

A. 目的性原则　　B. 有效管理跨度原则　　C. 精简的原则

D. 集权与分权相结合原则　　E. 责、权、力、效、利相匹配的原则

(2)管理跨度是指(AB)。

A. 一个管理者直接有效地指挥和协调下级的人数

B. 一个上级职位指挥和协调下级职位的数目

C. 组织形式

D. 组织要素

3. 熟悉组织结构的 4 种基本模式(监理组织结构与其对应,而不是组织机构)。

1)四种模型的特点和适用情况:

指定模型叙述特点和适用情况或者给出模型图叙述特点和适用情况。

(1)直线式:结构简单但呆板,权力集中、命令统一、决策迅速、指挥灵便;专业分工差,横向联系困难。适用于技术简单、专业分工不细的中小型项目。

(2)职能式:发挥各职能部门的专长、有利于生产专业化和人才培养;但容易政出多门、责任不清、互相矛盾、协调困难。适用于工作内容多、技术专业化强、管理分工细的企业组织。

(3)直线职能式(直线参谋式):集中领导、统一指挥、分工明确、高效有序;但是信息差,部门间易产生矛盾,要注意协调。适用范围比较广泛。

(4)矩阵式:弹性、适合于资源的不均衡、高效,协调要求高。适用于大型复杂项目。

【例题】

(1)组织结构的基本模式有(ABC)。

A. 直线式　　B. 职能式　　C. 直线职能式　　D. 参谋式

(2)直线式项目监理组织形式具有(ABCE)特点。

A. 不能发挥职能部门的专家作用　　B. 命令单一责任分明

C. 决策迅速，提高办事效率　　D. 有利于减少决策失误

E. 有利于减少横向部门之间相互扯皮，互相推诿的现象

(3)命令源最多的组织结构是（B）。(2004 年试题)

A. 直线式　　B. 职能式

C. 矩阵式　　D. 直线职能式

(4)图 3-1 所表示的项目监理组织有(BCD)特点。

A. 集中领导，权力集中，完全统一

B. 多头领导易紧造成职责不清

C. 目标控制分工明确

D. 发挥职能机构的专业管理作用

E. 有利于管理人员业务能力的培养

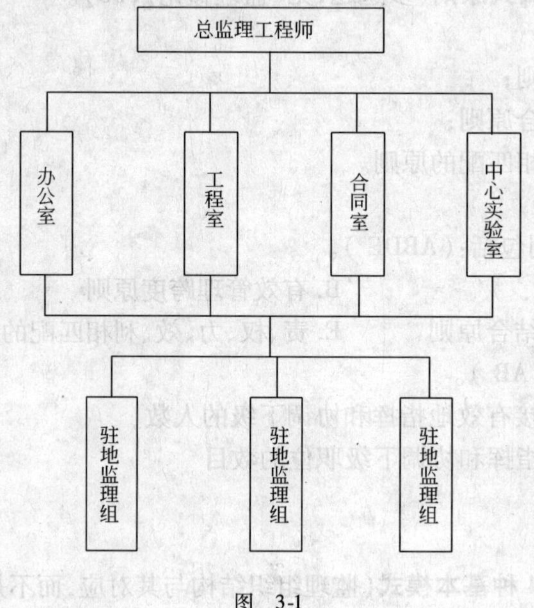

图 3-1

二、监理组织

1. 了解工程项目建设管理组织结构模式(3 种)：指挥部；业主自管；监理管理。

注意常用承发包模式的内容作为干扰项(选择题的错项)，例如 2003、2004 年试题：

工程项目建设管理组织结构模式有(BDE)。

A. 工程项目总承包模式　　B. 工程指挥部管理模式　　C. 交钥匙管理模式

D. 业主自管模式　　E. 社会监理管理模式

2. 熟悉工程承发包的 6 种结构模式：平行、设计/施工总分包、项目总承包、项目总承包管理、联合体、合作体(见《监理概论》P95)。

3. 掌握监理机构模式及其使用场合，熟悉监理组织(结构)4 种模式：

1)监理机构的模式和其使用场合：

(1)一级监理机构：只设总监办，适合于集中特大桥或隧道。

(2)二级监理机构：设总监办和驻地办，适合于省、市内一条公路项目。

(3)三级监理机构:在总监办和驻地办之间加设一个项目监理部(代表处),适合于跨省一条公路项目或者两个独立项目。

2)监理组织(结构)模式:直线、职能、直线职能、矩阵。

注意监理机构模式和组织结构模式区别以及它们之间的相互联系。例如,综合案例题给出一个独立大桥,要回答如何组建监理组织,就应该先确定该题是独立大桥,选用一级监理机构(只设总监办);而总监办采用何种监理组织结构,可以在4种中选1种,一般采用直线式或直线职能式。2005年监理理论综合分析题第二题如下(15分):

某高速公路工程全长160km,跨甲、乙两省市,划分为甲1、甲2、甲3和乙1、乙2共五个施工合同段,并相应设置现场监理机构。请按照监理规范的要求选择适当的监理组织形式,画出监理组织结构图,并分析该组织模式的优缺点。

答:(1)按照现行《公路工程施工监理规范》,现场监理机构一般按工程招标合同段设置基层机构,可视情况分别设置一级、二级或三级监理机构。由于该工程为跨省市,根据监理机构设置的适用条件,应设置三级监理机构,有直线式、职能式、直线职能式、矩阵式4种监理组织结构可供选择。一般常用的是直线式或直线职能式。本题以直线式为例。

(2)画直线式结构图3-2(如以直线—职能式结构形式绘出图也可,但优缺点与其相应):

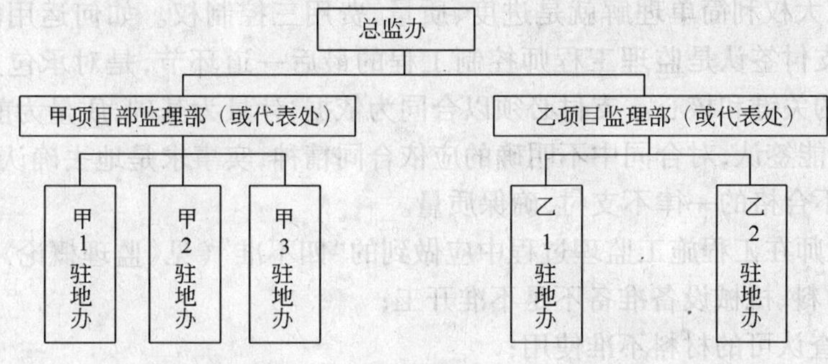

图 3-2

该项目采用直线式监理组织结构很适用。根据合同段的数量可设置五个合同段驻地办公室。

(3)直线式监理组织具有结构简单、职责分明、权力集中、命令统一、决策迅速、指挥灵活等优点;其缺点是结构呆板,专业分工差,横向联系困难等。

(如果采用直线—职能式等形式的特点叙述正确亦可,但要结构图一致。)

3)建立监理组织(机构)时应考虑的因素(见《监理概论》P99):

项目组成、工程规模、难易程度、合同工期、地理位置、现场条件。

【例题】

(1)组织结构的基本形式有(BCDE)。

A. 曲线式　B. 直线式　C. 矩阵式　D. 职能式　E. 直线—职能式

(2)现场监理机构有(ABC)几种类型。

A. 一级监理机构　B. 二级监理机构

C. 三级监理机构　D. 总监理工程师办公室

E. 高级驻地监理办公室　F. 项目监理部

(3)(ABD)属于项目监理组织内部工作制度。(2005年试题)

A. 监理组织工作会议制度　B. 监理工作日志制度

C. 施工图纸会审制度　　　　　　　　　　D. 监理周报制度

E. 技术经济签证制度

(4)命令源最多的组织结构是（ B ）。(2004 年试题)

A. 直线式　　B. 职能式　　C. 矩阵式　　D. 直线职能式

三、监理职责与权限

1. 掌握业主应赋予监理工程师的 5 大权力。

1)业主应赋予监理工程师的 5 大权力(见《监理概论》P209)：

(1)技术上的核定权；

(2)组织协调的主持权；

(3)材料设备的确认(签认)权和否决权(以下就是三大权)；

(4)进度上的确认(签认)权和否决权；

(5)工程款支付与结算上的确认权(签认)和否决权(核心)。

2)监理工程师的权力的核心是工程款支付与结算上的确认权(签认)和否决权。

3)监理的三大权利简单理解就是进度、质量、费用三控制权。如何运用监理的支付签认权的要点:计量支付签认是监理工程师控制工程的最后一道环节,是对承包人行为的最终评价,是监理工作的关键和核心。支付必须以合同为依据,计量为基础,质量为前提,只有符合合同规定的费用才能签认,对合同中不明确的应依合同精神,实事求是地去确认。支付应以准确的计量为基础,不合格的一律不支付,确保质量。

4)监理工程师在工程施工监理过程中应做到的"四不准"(见《监理概论》P139)：

(1)人力、材料、机械设备准备不足不准开工；

(2)未经检查认可的材料不准使用；

(3)施工工艺未经批准,施工中不准采用；

(4)前道工序未经验收,后道工序不准进行。

5)签署工程施工开工令的人是总监。

【例题】

(1)监理工程师的权力的核心是(C)。

A. 工程质量的控制权　　　　　　　　B. 工程进度的控制权

C. 工程支付的控制权　　　　　　　　D. 以上三者都不是

(2)把对工程的 (A)交给监理工程师,是执行好监理制度的关键。(2004 年试题)

A. 工程费用支付的签认和否决权　　　B. 停工与返工权

C. 旁站与验收权　　　　　　　　　　D. 验收与计量权

2. 熟悉、了解监理工程师的职责和权限(重点是合同管理)。

1)监理工程师笼统的 4 方面的职责和权限:质量、进度、费用、合同(见《监理规范》2.4)[1]。

详细的内容质量、进度、费用见对应章节,这部分重点是合同管理的内容,见《监理概论》P154-168 页。

注:[1]《公路工程施工监理规范》(简称《监理规范》),交通部颁,人民交通出版社,1995 年出版;2.4 表示其中具体条款,全书余同。

2）各级监理人员和机构等的职责权限（见《监理概论》P103-105）：有能力可详细看。

【例题】

(1)监理工程师必须在确认延期事件满足（ABDE)条件后，才受理工程延期申请。(2004 年试题)

A. 由于非承包人的责任，工程不能按原定工期完工

B. 延期情况发生后，承包人在合同规定期限内向监理工程师发出工程延期的通知

C. 未经监理工程师同意，随意分包工程，或将整个工程分包出去

D. 延期时间终止后，承包人在合同规定的期限内，向监理工程师提交正式的延期申请报告

E. 承包人承诺继续按合同规定向监理工程师提交有关延期的详细资料，并根据监理工程师的要求随时提供有关证明

(2)已经运到施工现场的施工机械设备是承包人资产，承包人可以(C)。(2005 年试题)

A. 自由调用

B. 经业主同意后，可自由调用

C. 经监理批准即可自由调用

D. 经监理批准、业主同意，才能自由调用

(3)在法律上，合同的签订可分为要约和承诺两个阶段，一般认为(C)。(2005 年试题)

A. 工程招标是要约，工程投标是承诺

B. 工程招标是要约，工程投标是再要约，定标则是承诺

C. 工程招标是要约邀请，工程投标是要约，定标则是承诺

D. 工程招标、投标是要约，定标则是承诺

(4)设计单位、监理工程师、承包人均可按照规定程度提出设计变更要求，但必须经过(B)的批准才能生效。(2005 年试题)（注：该题应按 FIDIC 回答）

A. 工程专家　　B. 监理工程师

C. 总监理工程师　　D. 业主

(5)承包人的费用索赔是指承包人由于(D)原因而造成的费用损失或增加而向业主提出的费用补偿要求。(2005 年试题)

A. 不可预见因素　　B. 天气因素

C. 业主因素　　D. 非承包人自身

(6)以下属总监理工程师的职责与权限的有(BCD)。(2005 年试题)

A. 审查批准工程建设合同　　B. 审查批准工程延期

C. 签发工程支付证书　　D. 处理重大质量事故

(7)对监理人员履行职责的能力、表现和职业道德，进行评价、考核和处理是总监理工程师的职责和权限。(✓)(2005 年试题)

(8)承包人提出的变更与监理提出的变更一样，一旦获得批准，承包人有权获取额外的费用补偿。(×)(2005 年试题)

(9)公路建设必须招标的项目有(ABCD)。(2005 年试题)

A. 投资 3000 万元以上　　B. 单项合同价 200 万元以上

C. 材料设备单项合同 100 万元以上　　D. 设计、监理费单项合同 50 万元以上

E. 国家机密工程

四、监理人员与设施

1. 了解监理工作应配的设施、设备(6类):

试验室设备;测量仪器及设备;交通工具及通信设备;气象设备;照相、摄像器材;办公设施及生活设施等。

2. 熟悉施工监理各级人员的构成、资质条件、组合比例和数量配备(见《监理规范》2.3)。

1)人员构成、资质条件、组合比例:

监:专:员:行政 =10%:40%:40%:10%。

2)里程:一般0.5~1.2人公里;高速和一级不少于1人/公里。

3)金额:线路0.4~1.0人/百万;桥隧0.3~0.6人/百万。

3. 掌握监理人员职业道德和素质要求:

1)监理人员职业道德(8点):

(1)热爱本职工作,忠于职守,认真负责,具有对工程监理单位和工程建设项目的高度责任感,并为业主严守机密。

(2)严格按照合同(包括合同协议书、合同条件、技术规范等)实施对工程的监理,既要保护业主的利益,又要公正合理地对待承包人。

(3)廉洁奉公,不得接受业主所支付的酬金外的报酬及任何回扣,不得提高津贴或其他间接报酬。

(4)应坚持自己的正确判断和观点,发现业主的判断或决定不可行时,应向业主提出书面劝告,说明可能给业主带来的不良后果。

(5)当发现自己处理问题有错误时,应及时向业主承认错误,并提出改正意见。

(6)对本监理机构的介绍应实事求是,不向业主隐瞒监理机构过去的业绩以及可能影响服务质量的因素。

(7)作为工程监理单位或个人,不得参与承包施工或设备、材料采购等经营销售活动,也不得在政府部门、施工单位、设备、材料供应单位任职、兼职。

(8)不得谎言欺骗业主和承包人,不得伤害、诽谤他人名誉,借以提高自己的地位。

2)人员素质要求:

(1)掌握完整的知识结构,会管理、通经济、知法律、懂技术及专业外语知识;

(2)具有丰富的工程实践经验;

(3)具有较强的协调能力;

(4)具备高尚的道德情操和敬业精神;

(5)具备良好的文化素养;

(6)身心健康。

这样,才能遵循"严格监理、热情服务、秉公办事、一丝不苟"的监理原则,有效地控制工程质量、工程进度、工程费用。

注意区别:监理工程师的知识要求(知识结构)即应懂技术、懂经济、懂管理、懂法律。

【例题】

(1)监理工程师一般应具备的知识结构是(C)。

A. 技术知识　　B. 技术与经济知识

C. 技术、经济、管理与法律知识　　D. 经济与合同知识

(2)下列说法不正确的是(ABC)。

A. 对施工阶段的工程监理而言,主要工作人员所占比重为10%

B. 对施工阶段的工程监理而言,主要工作人员所占比重为20%

C. 对施工阶段的工程监理而言,主要工作人员所占比重为40%

D. 对施工阶段的工程监理而言,主要工作人员所占比重为70%(以上)

(3)按《公路工程施工监理规范》规定,各类高级监理人员一般应占监理人数的(B)以上。(2005年试题)

A. 5%　　B. 10%

C. 15%　　D. 20%

(4)监理工程师办公室各专业部门负责人及驻地监理工程师等(中)级专业监理人员,一般应占监理总人数的(C)。(2003年试题,可能是“高级”打印错为“中级”)

A. 10%以内　　B. 40%

C. 10%以上　　D. 70%

五、重点复习题及参考答案

1. 单选题(将正确答案的序号填入括号内)

(1)签署工程施工开工令的人是( )。

A. 项目总监理工程师　　B. 总监代表

C. 业主　　D. 上级主管部门领导

(2)高速公路施工中按里程来计算监理人员配置,应以( )为原则。

A. 每公里配置0.5人　　B. 每公里至少5人

C. 每公里应不少于1人　　D. 根据实际情况确定

(3)在项目监理组织中,主要根据管理( )的不同,将监理人员划分为项目总监理工程师,监理工程师和监理员。

A. 部门　　B. 层次

C. 跨度　　D. 任务

(4)管理跨度与管理层次的关系是( )。

A. 成正比关系　　B. 成反比关系

C. 数目相等关系　　D. 没有关系

(5)命令源最多的组织模式是( )。

A. 直线式　　B. 职能式

C. 直线—职能式　　D. 矩阵式

(6)三级监理机构是指( )。

A. 政府建设主管部门,工程质量监督部门,社会监理单位

B. 甲级监理单位,乙级监理单位,丙级监理单位

C. 总监办公室,项目监理部,驻地监理办公室

(7)签发分项工程的开工通知单是监理工程师在( )方面的职责。

A. 工程质量监理　　B. 工程进度监理

C. 工程费用监理　　D. 合同管理

(8)审定工期延长是监理工程师在(　　)方面的职责。

A. 工程质量监理　　B. 工程进度监理

C. 工程费用监理　　D. 合同管理

(9)监理设备的产权归(　　)。

A. 监理单位所有　　B. 承包人所有

C. 业主所有　　D. 三方共有

2. 多选题(将正确答案的序号填入括号内)

(1)监理工程师必须具备的基本知识面包括(　　　)。

A. 文史　B. 法律　C. 经济　D. 气象　E. 技术　F. 管理

(2)监理人员应包括(　　)。

A. 监理工程师　　B. 监理工程师助理

C. 行政人员　　D. 后勤人员

(3)组织结构的基本模式有(　　)。

A. 直线式　　B. 职能式

C. 直线—职能式　　D. 参谋式

(4)组织设计的原则有(　　　)。

A. 目的性原则　　B. 有效管理原则

C. 集权与分权原则　　D. 责、权、力、效、利匹配的原则

(5)适于采用三级监理机构的情况有(　　　)。

A. 一座桥

B. 工程项目较集中时

C. 工程项目跨省区时

D. 一省内由几个相对独立、相距较远的子项目组成的工程

(6)业主应授予监理工程师的权力有(　　　)。

A. 技术上的核定权　　B. 组织协调的主持权

C. 材料、设备及工程质量的签认与否决权　　D. 工程进度的签认与否决权

E. 合同纠纷的仲裁权　　F. 工程款支付与结算的签认与否决权

(7)以下(　　　)是高级驻地监理工程师的职责与权限。

A. 批准一般工程变更　　B. 现场旁站

C. 签发分项工程开工令　　D. 签发工程缺陷责任终止证书

E. 准工程延期　　F. 签发中间交工证书

(8)以下(　　　)是监理员的职责与权限。

A. 解释合同文件中不明确之处

B. 发中间交工证书

C. 对工程的重要环节或关键部位实施全过程旁站监理

D. 做好监理日志,填好各种监理图表

(9)以下人员(　　　)一般应具有高级工程师等相应的高级技术职称,并必须取得交通部颁发的监理工程师证。

A. 总监　　B. 总监代表　　C. 专业监理工程师

D. 高级驻地监理工程师　　E. 监理员

(10)专业监理工程师的资质条件是(　　)。

A. 经过专业培训,考试合格　　B. 取得高级技术职称

C. 取得中级以上的技术职称　　D. 具有交通部颁发的监理工程师证

E. 具有交通部或交通厅(局)颁发的专业监理工程师证

3. 判断题(对的打"✓",错的打"×")

(1)在实施监理中,监理工程师对工程项目建设的任何问题都应具有确认权。(　)

(2)在履行施工阶段监理合同时,如果监理人员发现设计不符合公路工程质量标准或合同约定的质量要求,应对设计单位提出并要求改正。(　)

(3)我国法律明确规定,施工单位和监理单位对工程的施工质量负责。(　)

(4)根据合同有关规定,业主或承包人通过监理工程师向对方索取合同价格以外的费用。(　)

(5)当今世界组织发展的趋势是侧重于分权管理。(　)

(6)监理工程师是施工合同文件中授权承担工程监理工作的个人。(　)

(7)承包人只要经业主同意就可进行工程分包,无须再经监理审查批准。(　)

(8)甲级监理单位所组建的监理机构称为一级监理机构。(　)

(9)监理工程师有权监督承包人进入本工程的主要技术和管理人员的构成。(　)

(10)总监和总监代表的工作都直接对业主负责。(　)

(11)监理设施是指其工作所需的设施,不包括生活设施。(　)

4. 论述题

(1)论述我国公路工程建设中三种监理机构模式及适用范围。

(2)论述监理工程师在工程施工监理过程中应做到的"四不准"。

(3)论述一个合格的监理工程师应当具备哪些基本素质。

参考答案

1. 单选题

(1)A　(2)C　(3)B　(4)B　(5)B　(6)C　(7)A　(8)D　(9)C

2. 多选题

(1)BCEF　(2)ABC　(3)ABC　(4)ABCD　(5)CD

(6)ABCDF　(7)ACF　(8)CD　(9)ABD　(10)CE

3. 判断题

(1)×　(2)×　(3)×　(4)✓　(5)×　(6)×　(7)×　(8)×

(9)✓　(10)×　(11)×

4. 论述题

(1)**答**:我国公路工程建设中三种监理机构模式及适用范围为:

①一级监理机构:只设总监办,适合于集中特大桥或隧道;

②二级监理机构:设总监办和驻地办,适合于省、市内一条公路项目;

③三级监理机构:在总监办和驻地办之间加设一个项目监理部(代表处),适合于跨省一条公路项目或两个独立项目。

(2)**答**:"四不准"是指:①人力、材料、机械设备准备不足不准开工;②未经检查认可的材

料不准使用;③施工工艺未经批准,施工中不准采用;④前道工序未经验收,后道工序不准进行。

(3)答:①掌握完整的知识结构,会管理、通经济、知法律、懂技术及专业外语知识;

②具有丰富的工程实践经验;

③具有较强的协调能力;

④具有高尚的道德情操和敬业精神;

⑤具备良好的文化素养;

⑥身心健康。

第四部分 风险管理与目标控制原理

一、风险管理知识要点

1. 熟悉风险的概念:

1)风险的概念:

风险是指实际结果与预期目标之间的差异,差异程度越大,风险越大;反之亦然。也就是说产生风险的事件,都存在着可以通过分析,并预测其发生概率而后果很可能产生损失的未来不确定因素。

2)工程项目风险的概念:

工程项目风险是指那些在项目实施过程中可能出现灾难性事件或不满意的结果。

工程项目风险实质上是工程项目的目标费用、目标工期、目标质量与项目的实际费用、实际工期、实际质量可能出现差异。这样就会产生灾难性或不满意的结果。

2. 风险量的表述方式:

$$R = f(p、q)$$

式中:R——风险量;

p——风险事件可能发生的概率;

q——风险的损失值;

f——风险函数。

注意:风险量与概率和损失量有关,这两个量缺一不可。

3. 风险管理

1)风险管理概念:

风险管理是一个识别和度量项目风险,制定、选择和管理处理风险方案的过程。风险管理的目标减少风险的危害程度,使工程质量、进度、费用三大目标得到控制和实现。

2)风险管理工作流程:

(1)风险的预测和识别:风险管理中最重要一步,确定风险类型;

(2)风险分析和评价:确定风险量;

(3)风险处理(防范)对策的规划和决策(3 种方式):控制、自留、转移;

(4)实施决策:制定安全控制决策、损失控制决策、应急计划、保险的额度等;

(5)检查实施情况:检查以上 4 步,并检查有无漏项等。

4. 风险处理(控制)的对策:控制、自留、转移。

1)风险控制:风险回避、损失控制。

2)风险自留。

3)风险转移:(1)合同转移:通过合同约定转移给对方;分包;担保。(2)工程投保:工程一切风险,第三方责任险,人身伤害险。

【例题】

(1)确定工程风险程度的两个变量是(AC)。

A. 风险出现的概率　　B. 风险出现的因素

C. 风险带来的损失量　　D. 风险出现的类型

(2)工程风险转移的有效途径是(ABCD)。

A. 工程保险　　B. 工程担保　　C. 合理分包　　D. 合同规定双方风险责任

(3)风险管理中(A)项工作最重要。(2004 年试题)

A. 风险的预测和识别　　B. 风险分析和评估

C. 规划并决策　　D. 风险回避

二、目标控制原理知识要点

1. 工程项目建设监理的目标:三大目标;优先考虑与质量有关内容。

【例题】

在工程项目建设监理的目标中,(ACD)必须优先予以保证。(2004、2005 年试题)

A. 安全可靠性　　B. 投资费用　　C. 使用功能

D. 施工质量　　E. 工程进度

2. 主动控制与被动控制的区别:

1)主动控制:先分析,然后防偏差(干扰:事前,前馈意思相近);

2)被动控制:先出现偏差,再分析原因,然后纠偏。

3. 动态控制的概念:主动控制与被动控制合称为动态控制。

1)动态控制的过程(大 3,小 5)。

先定目标值(计划值),检查成效,纠偏(大 3);

输入,转换,反馈,对比,纠偏(小 5)。

2)动态控制提倡主动控制。

【例题】

(1)(B)就是预先分析目标偏离的可能性,并拟订和采取各项预防性措施,以使计划目标得以实现。(2004、2005 年试题)

A. 全面控制　　B. 主动控制　　C. 被动控制　　D. 反馈控制

(2)每一个控制过程都是经过投入、转换、(C)、对比、纠正等基本步骤。(2004 年试题)

A. 检查　　B. 分析　　C. 反馈　　D. 决策

(3)监理目标控制的前提工作是(AB)。(2005 年试题)

A. 目标规划和计划　　B. 落实好控制机构、人员和职能

C. 与被监理单位的充分协商　　D. 与业主合作监理

E. 落实全部项目建设资金

三、重点复习题及参考答案

1. 单选题(将正确答案的序号填入括号内)

(1)预先分析,估计工程项目可能发生的偏离,采取预防措施进行控制,称为(　)。

A. 事先控制　　B. 主动控制　　C. 被动控制　　D. 动态控制

(2)工程质量是施工出来的,而不是检验出来的,因此质量管理的重点要贯彻(　)的原则。

A. 动态控制　B. 工序控制　C. 被动控制　D. 预防为主

(3)在风险管理流程中,(　)工作最重要。

A. 风险的预测和识别　B. 风险分析和评估

C. 风险处理对策的规划和决策　D. 实施和检查

(4)在项目风险管理中最重要的风险转移技术是(　)。

A. 合同转移　B. 工程分包　C. 银行担保　D. 工程投保

(5)当发现目标产生了偏离,分析原因,采取措施,称为(　)。

A. 被动控制　B. 主动控制　C. 前馈控制　D. 反馈控制

(6)目标的动态控制是一个有限的循环过程,应贯穿于工程项目实施阶段的全过程,动态控制应该提倡(　)。

A. 前馈控制　B. 反馈控制　C. 被动控制　D. 主动控制

2. 多选题(将正确答案的序号填入括号内)

(1)工程项目的动态控制是(　　)。

A. 事前控制　B. 主动控制　C. 中间控制　D. 被动控制　E. 全面控制

(2)请指出主动控制措施包括(　　)。

A. 下达停工整改令　B. 制定目标控制的有关计划

C. 制定防止目标偏离的备用方案　D. 建立目标控制组织

E. 目标控制风险分析

(3)风险包括的基本要素有(　　)。

A. 风险因素发生的不确定性　B. 风险存在的必然性

C. 风险事件的复杂性　D. 风险发生带来的损失

(4)风险量表达式中包含的变量是(　　)。

A. 风险的类型和性质　B. 风险事件的持续时间

C. 风险事件可能发生的概率　D. 风险带来的损失值

(5)以下(　　)可作为处理风险的对策。

A. 风险回避　B. 损失控制　C. 控制工程质量

D. 工程投保　E. 合同转移　F. 融资还债

(6)工程项目建设监理的目标是(　　)。

A. 控制工程费用　B. 控制工程进度　C. 控制工程质量

D. 合同管理　E. 信息管理　F. 组织协调

(7)要实现最优化控制,必须首先满足两个条件,即(　　)。

A. 合格的主体　B. 明确的系统目标

C. 先进的技术设备　D. 严格的组织纪律

(8)工程项目目标控制的方式有(　　)。

A. 搜集信息　B. 跟踪调查　C. 前馈控制

D. 反馈控制　E. 主动控制　F. 被动控制

3. 判断题(对的打"✓",错的打"×")

(1)所谓主动控制,是监理工程师对监理过程中出现的偏差,主动提出纠偏措施,从而正确实现目标。(　)

(2)前馈控制与反馈控制的区别,在于信息提供时间的先后。 ( )

(3)风险转移是一种不道德的行为,应当尽量避免采用。 ( )

(4)风险管理中的合同转移,也就是合同转让。 ( )

(5)目标的动态控制是一个有限的循环过程,应贯穿于工程项目实施阶段的全过程。 ( )

(6)所谓主动控制,就是监理工程师对工程实施中出现的偏差,主动提出纠正措施,从而正确实现目标。 ( )

参考答案

1. 单选题

(1)B (2)D (3)A (4)D (5)A (6)D

2. 多选题

(1)BD (2)CE (3)AD (4)CD (5)ABCDE (6)ABC

(7)AB (8)CDEF

3. 判断题

(1)× (2)× (3)× (4)× (5)✓ (6)×

第五部分　工程进度监理

一、进度监理基础知识要点

1. 了解进度监理的作用和方法(见《工程进度监理》P2)[1]:

就是在考虑了工程施工管理三大因素(工期、质量、费用)的同时,对施工全过程采用计划、组织、协调、检查与调整等手段,努力实现施工过程中的各阶段目标,从而确保工程总工期目标的实现。

进度监理的方法:横道图、S 曲线、斜条图、网络。

2. 熟悉进度监理的任务(见《工程进度监理》P4-5):

1)进度监理的工作流程:计划审批、执行检查、调整、再执行检查。

2)进度监理的阶段性目标:计划工期、进度偏差、调整内容。

3)监理工程师的任务:计划阶段(审批);实施阶段(检查、评估、监督、控制)。

3. 了解进度目标对质量和费用的影响:图形(最优工期是钱)(见《工程进度监理》P2)

【例题】

(1)论述承包人、监理和业主在工程进度控制上如何分工,以保证总工期目标的实现?

答:①承包人的任务是编制施工进度计划,并在计划执行过程中,通过实际进度与计划进度的比较,定期地、经常地检查和调整施工进度计划;

②监理工程师的任务是审批承包人编制的施工进度计划,并对批准的施工进度计划执行情况进行监督,从全局出发控制实际进度与计划进度的差距,根据差距情况发布调整施工进度计划的命令;

③业主则应按工程承包合同要求及时提供施工场地和图纸,并尽可能地改善施工环境,为工程施工顺利进行开创条件。

(2)工期、质量、费用三者的关系为(C)。

A. $T = T_A, Q > Q_A, C < C_A$　　B. $T > T_A, Q < Q_A, C > C_A$

C. $T > T_A, Q > Q_A, C > C_A$　　D. $T < T_A, Q > Q_A, C > C_A$

(3)公路工程施工进度的常用表达方法有(ABCD)。

A. 横道图　B. 斜道图　C. 网络图　D. 工程进度曲线

(4)进度监理的基本方法有:(ABCD)。(2003、2004 年试题)

A. 横道图法　B. S 曲线法　C. 斜条图法

D. 网络计划图法　E. 计划评审法

(5)比较实际进度与计划进度的 S 曲线,可以明显看出(A)。

A. 项目总的实际进度情况　B. 导致进度拖延的某一具体工作

注:[1]《工程进度监理》,邬晓光主编,人民交通出版社,1999 年出版,全书余同。

C. 某一工作完成工作量情况　　　　　D. 某一工作的实际进度情况

(6)进度控制中横道图是常用图之一,在以下四项中,哪一项不是其优点(C)。(2005 年试题)

A. 形象直观　　　　　　　　　　　B. 搭接关系明确

C. 逻辑关系严谨　　　　　　　　　D. 制作方便快捷

(7)监理工程师在进行进度控制时,要明确进度计划不变是绝对的,变是相对的。(×)(2005 年试题)

(8)进度管理曲线指出了施工管理过程中的偏差,它呈 S 曲线形。(×)

(9)工程进度曲线不仅可以反映工程进展的总体情况还能反映各工作的进展情况　(×)

二、施工组织管理知识要点

1. 了解三种施工作业(组织)方式及其特点。

1)施工组织研究的对象:

(1)时间问题:进度计划;

(2)空间问题:组织管理机构和场地布置;

(3)资源问题:工、料、机的供应配备;

(4)经济问题:造价、成本控制、资金合理利用。

2)施工过程的组织原则:连续性、协调性、均衡性、经济性。

3)施工组织所研究的最基本单元:工序。

4)施工作业(组织)的三种基本方法和特点:

(1)方式(方法):顺序、平行、流水。

(2)特点:工期、资源、工作面等方面比较。

2. 熟悉流水施工作业的种类和参数种类;掌握流水步距、流水计划工期的计算,流水横道图的绘制(图 5-1)。

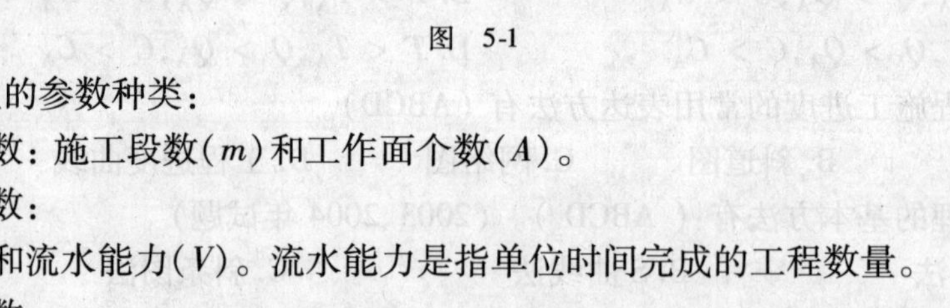

工序	时间															
	1	2	3	4	5	6	7	8	9	10	11	12	13	14	15	16
挖		①		③			②			④						
砌	← K_1	→			①		③			②		④				
填				← K_2	→		①			③			②			④

图 5-1

1)流水作业的参数种类:

(1)空间参数:施工段数(m)和工作面个数(A)。

(2)工艺参数:

工序数(n)和流水能力(V)。流水能力是指单位时间完成的工程数量。

(3)时间参数:

流水节拍(t)和流水步距(k),以及技术间歇(t_g)等。

流水步距是指保证同一工序在各施工段上连续施工条件下(不窝工),相邻的两个工序班组在第 1 个施工段上开始施工的时间间隔。关键词是“相邻”而不是“两个”。

引入流水步距概念的目的就是为了消除流水施工中的窝工。

2)流水作业的分(种)类:

(1)有节拍(有节奏)流水。

①稳定流水也叫全等节拍流水(等步距等节奏)(见《工程进度监理》P17)。

是指各道工序的在各施工段上施工时间都相同,即流水节拍全相等。

②异节拍成倍流水(等步距异节奏:2、2、4、8、4、6)。

③异节拍分别流水,即异节奏异步距流水,属于有节奏(6 行工序,76 天)(图 5-2)。

工序	班组	时间																	
		02	04	06	08	10	12	14	16	18	20	22	24	26	28	30	32	34	36
挖基	1	①	②	③	④	⑤	⑥												
清基	1		①	②	③	④	⑤	⑥											
浇基	1				①		③		⑤										
	2					②		④		⑥									
台身	1							①				⑤							
	2								②				⑥						
	3									③									
	4										④								
盖板	1										①		③		⑤				
	2											②		④		⑥			
回填	1												③			④			
	2													②			⑤		
	3														③			⑥	

图 5-2

＊流水步距的确定:

上工序节拍值≤下工序节拍值:流水步距 = 上工序节拍值

上工序节拍值 > 下工序节拍值:流水步距 = 上工序节拍值 × 段数 - 下工序节拍值 ×(段数 -1)

＊工期计算:流水工期 = 流水步距和 + 最后一道工序流水节拍

【例题】

某段公路由土方、路基、路面三道工序,各组织一个施工队,分四段组织流水施工。(图 5-3)

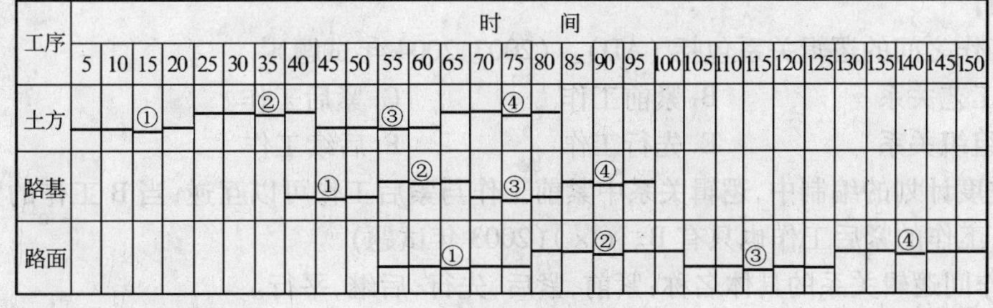

图 5-3

设各个工序在每段施工的持续时间相同,分别为土方 20 天、路基 15 天、路面 25 天。则路基、路面分别在第一段开始施工的时间是第(D)天末。

A. 15,35 B. 20,35 C. 25,40 D. 35,50

解析:此题是计算土方和路基之间以及路基和路面之间的流水步距。土方 20 > 路基 15,流水步距 $4\times20-3\times15=80-45=35$ 路基在 35 天末后开始施工;路基 15 < 路面 25,流水步距 =15 路面在路基开始的 15 天末后开始施工,也就是 $35+15=50$ 天末开始施工。所以选 D。从横道图上看很清楚。

(2)无节拍(无节奏)流水(图 5-2、图 5-3)。

同一工序在各施工段上流水节拍不完全相同,各工序间流水节拍也不完全相同。这也是常见的流水施工形式。这种流水只能做到无窝工有间歇或有窝工无间歇的形式。

【例题】

(1)有节奏流水施工的种类有(ABC)。(2003、2004 年试题)

A. 等节奏流水施工　　B. 等步距异节奏

C. 异步距异节奏　　D. 变化步距节奏

(2)施工组织的主要研究对象是(ABCD)。

A. 时间问题　B. 空间问题　C. 资源问题　D. 经济问题

(3)施工过程组织必须遵循的原则有(BD)。

A. 公正性　B. 经济性　C. 合同性　D. 连续性

(4)施工组织的基本方法有(ABC)。

A. 顺序作业法　B. 平行作业法　C. 流水作业法　D. 立体交叉法

(5)流水作业参数有(ABC)。(2003 年试题)

A. 空间参数　B. 工艺参数　C. 时间参数　D. 分段参数

(6)施工组织的基本单元是(C)。

A. 分部工程　B. 分项工程　C. 工序　D. 施工过程。

(7)流水步距是指两个班组相继投入同一施工段开始工作的时间间隔。　(×)

三、网络计划技术知识要点

1. 单双代号网络图的构成

1)符号的规定:双(箭线工作,节点联系);单(节点工作,箭线联系)。

2)网络图三要素:箭线、节点、流(即时间)。

3)工作之间的逻辑关系(即先后顺序)类型:工艺关系和组织关系。

【例题】

(1)工作之间的逻辑关系包括(AD)。(2003、2004 年试题)

A. 工艺关系　B. 紧前工作　C. 紧后工作

D. 组织关系　E. 先行工作　F. 后续工作

(2)进度计划的编制中,逻辑关系中紧前工作与紧后工作可以互逆,当 B 工作的紧前工作有 A 时,A 工作的紧后工作也只有 B。(×)(2003 年试题)

4)工作间逻辑关系的具体名称:紧前,紧后,先行,后继,平行。

5)绘图的规则:单起终点、不循环、单向箭线、编号规定。

2. 网络计划的时间参数计算

1)网络计划的时间参数概念:

(1)工序(工作)时间参数(单双代号图):早开 ES,早完 EF,迟开 LS,迟完 LF,总时差 TF

（不影响总工期），局部（自由）时差 FF（不影响紧后工作早开）。

（2）双代号络图的节点时间参数：节点早时间 ET，节点迟时间 LT。

2）网络计划的时间参数的计算：

（1）不论单双代号图时间参数计算，都应该正向和反向 2 次。

（2）工序（工作）时间参数计算法：可用于单代号图和双代号图。

①正向计算（求早）：用加法，认箭头，多个值时取大；

②反向计算（求迟）：用减法，认箭尾，多个值时取小；

③计算方法：单、双代号（正向：站在本身看紧前，反向：站在本身看紧后）。

＊工序最早开始 ES 和最早完成 EF 与最迟完成 LF 和最迟开始 LS（图 5-4）。

＊计算时差：以图 5-5 为例。

总时差 = 下 − 上，局部（自由）时差 = 紧后左上小 − 本右上

TFB = 7 − 4 = 11 − 8 = 3，FFB = min{12，10} − 8 = 2，应选择 A。

A. $T_{FB}=3$，$F_{FB}=2$　　B. $T_{FB}=4$，$F_{FB}=4$

C. $T_{FB}=3$，$F_{FB}=3$　　D. $T_{FB}=4$，$F_{FB}=3$

（3）节点时间参数计算法：只能用于双代号图（图 5-6）。

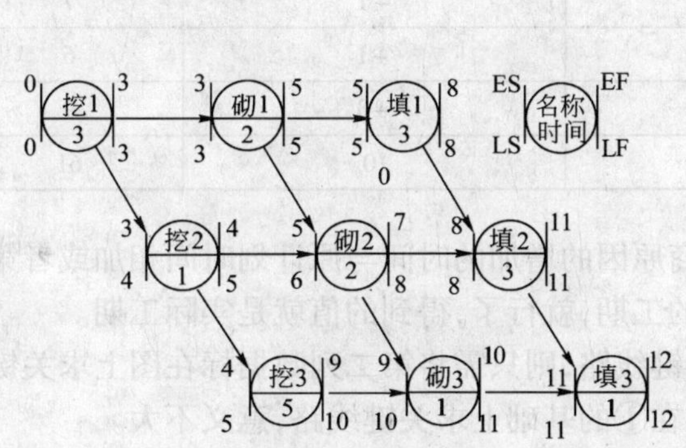

图 5-4

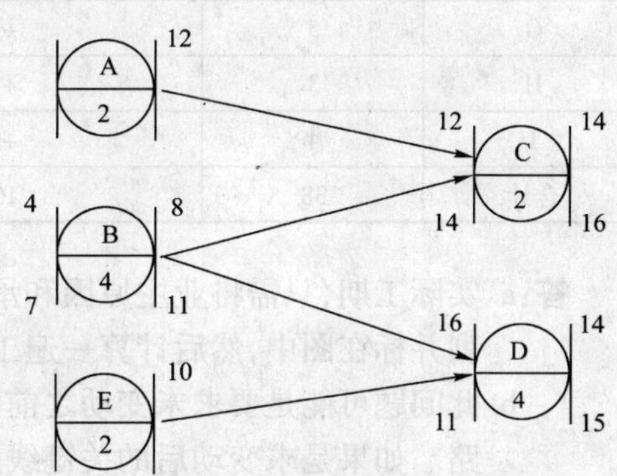

图 5-5

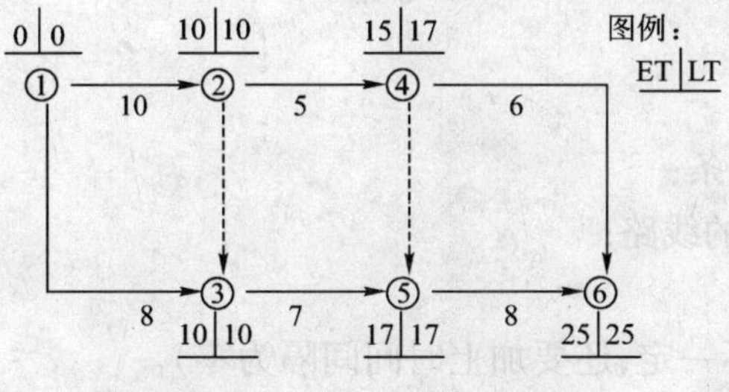

图例：

ET | LT

图 5-6

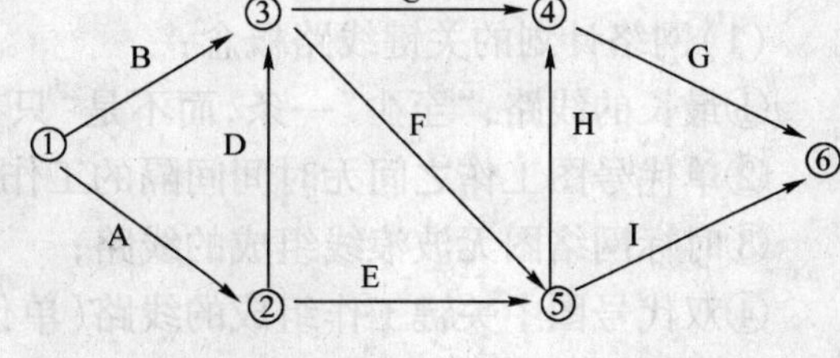

图 5-7

节点计算法：以 2—4 工序为例

总时差 = 箭头后 − 箭尾前 − 本工序持时 = 17 − 10 − 5 = 2

局部时差 = 箭头前 − 箭尾前 − 本工序持时 = 15 − 10 − 5 = 0

【例题】

①如果某项工作拖延的时间超过其局部时差但没有超过总时差，则（A）。（2003、2004 年试题）

A. 其紧后工作不能按最早时间开工　　B. 会影响工程总工期

C. 该项工作会变成关键工作　　D. 对后续工作工期及总工期无影响

②综合题中应用,2003 年综合题如下:

某工程项目,网络计划如图 5-7 所示,由于业主或不可抗力因素及承包人自身原因队各项工作造成了一定影响,其结果如表 5-1,请问:(10 分)

a. 实际工期为多少?

b 关键线路是什么?

c. 监理工程师应签证延长合同工期几天合理?

表 5-1

工作	计划工期	业主原因造成的工期增加	承包商原因造成的工期增加	小计
A	5	+3	+1	9
B	3	+2	+3	8
C	11	0	0	11
D	2	0	0	2
E	2	+1	+1	4
F	3	+2	+0	5
G	5	+1	+1	7
H	3	+2	+1	6
I	4	+2	+3	9
合计	38	13	10	61

答:a. 实际工期,只需将业主原因和承包商原因的增加的时间与原计划时间相加或者第五列并标在图中,然后计算一遍工程的工期,就行了,得到的值就是实际工期。

b. 此问题可能是要求未变动之前的关键线路,则只需将第二列数据标在图上求关键线路。如果是求变动后的关键线路就在①的基础上求关键线路,意义不大。

c. 只需将第二列和第三列的值相加并标在图上计算出工程工期减去第二列值所计算出工程的工期就是应该批准的延期值。

3)网络计划的关键线路概念和方法

(1)网络计划的关键线路概念:

①最长的线路;"至少"一条,而不是"只有"一条;

②单代号图工作之间无时间间隔的工作组成的线路;

③时标网络图无波浪线组成的线路;

④双代号图中关键工作组成的线路(单代号不一定,还要加上时间间隔为零)。

(2)网络计划中关键线路的确定方法:

①枚举法:列出最长的线路;

②关键工作法:单代号图还加上时间间隔为零。

③关键节点法:只有双代号图能用,加上"箭尾节点时间 + 持续时间 = 箭头节点时间"。

【例题】

(1)在工程网络计划中,关键线路是指(BC)的线路。(2003、2004 年试题)

A. 双代号网络计划中没有虚箭线　　B. 时标网络计划中没有波形线

C. 单代号网络计划中相邻两项工作之间间隔均为零

D. 双代号网络计划中由关键节点组成

(2)(D)不是确定关键线路的方法。(2005 年试题)

A. 线路枚举法　　B. 关键工作法　　C. 关键节点法　　D. S 曲线法

(3)双代号网络图中，所有线路中总持续时间最长的线路为关键线路。

(✓)(2003 年试题)

(4)在公路工程项目的实施性网络计划图中，关键线路的数量越多，每个工作的控制越能到位，进度监理就越容易。 (×)(2005 年试题)

3. 时标网络图的意义

1)最早时标图的箭尾是工作的最早开始；

2)最早时标图的波浪线是工作的局部(自由)时差(时间间隔)；

3)最早时标图直观，便于计划的调整。

4. 网络计划优化的概念分类

1)网络计划优化的内容：工期优化、资源优化、工期—成本优化。

2)工期优化：压缩关键线路(关键工作)到所要求的工期。

3)资源优化：工期一定资源均衡；资源有限工期最短。

4)工期—成本优化：最优工期；利润最大。

【例题】

(1)时标网络计划中，局部(自由)时差的表示用(D)。

A. 虚箭线　　B. 实箭线　　C. 双箭线　　D. 波形线

(2)以下正确的说法有(ACE)。

A. 单代号网络图中箭线表示工作之间的关系

B. 双代号网络计划被称为"节点型网络计划"

C. 双代号网络图中节点表示工作之间的关系

D. 单代号网络图中节点表示工作之间的关系

E. 单代号网络图中节点表示具体的工作

(3)A 工序的 $EF_A=20$ 天表示(A)。

A. A 工作最早可以在第 20 天结束时结束

B. A 工作最迟可以在第 20 天结束时结束

C. A 工作的自由时差为 20 天

D. A 工作的总时差为 20 天

(4)网络计划优化内容包括(ABC)。

A. 时间优化　　B. 时间—费用优化

C. 资源优化　　D. 施工管理组织优化

(5)网络计划按工序持续时间的表示方法分为(CD)。

A. 关键型网络计划　　B. 非关键型网络计划

C. 肯定型网络计划　　D. 非肯定型网络计划

(6)网络计划资源优化的目标有(AD)。

A. 资源有限使工期最短　　B. 资源有限使质量最好

C. 工期最短资源使用最少　　D. 工期规定使资源均衡

(7)一个网络计划只有一条关键线路。 (×)

四、进度计划的编制、审批、检查与调整

1. 熟悉进度计划的编制的原则

必须贯彻合同条件及技术规范；真实、可靠并符合实际；清楚、明了并便于管理；表达施工中的全部活动及其他的相关联系；反映施工组织及施工方法；充分使用人力和设备；预料可能的施工障碍及变化。

2. 熟悉进度计划的编制的依据(5.1.2)❶

(1)施工合同中规定的合同工期，开工日期及竣工日期；

(2)投标书中确认的工程进度计划及施工方案；

(3)主要材料和设备的采购合同及供应计划；

(4)工程现场的特殊环境及气候条件；

(5)施工人员的技术素质及设备能力；

(6)已建成的同类工程的实际进度及经济指标等。

3. 了解进度计划的内容及阶段划分

1)阶段划分：总体进度计划、年度进度计划、月季进度计划，关键工程进度计划。

2)内容：根据不同的计划就有不同的内容。

4. 掌握进度计划的审批

1)提交时间和审批内容所包含的文件

(1)总体进度计划：《公路工程国内招标文件范本》(2003 版)中规定：签合同后的 28 天，FIDIC 通用条款中规定：中标后的 28 天；审批内容包含的文件 3 个：进度计划、总现金流动表、施组方法总说明。

(2)阶段性进度计划：开工前或后合理的时间内提交；审批内容包含的文件 3 个：年度进度和现金流动、月季进度和现金流动、分部项进度。

2)审批程序(5.2.2)

监理工程师应组织有关人员对承包人提交的各项进度计划进行审查，并在合同规定或满足施工需要的合理时间内审查完毕。审查工作应按以下程序进行：

(1)阅读文件，列出问题，进行调查了解；

(2)提出问题与承包人进行讨论或澄清；

(3)对有问题的部分进行分析，向承包人提出修改意见；

(4)审查批准承包人修改后的进度计划。

3)审批内容(5.2.3)

(1)工期和时间的安排的合理性；

(2)施工准备的可靠性；

(3)计划目标与施工能力的适应性。

4)进度计划的形式(表示方式)

(1)总体或关键工程进度计划：横道、斜条、S、网络；

(2)年月季进度计划：横道、S 进度曲线、形象进度。

注：❶"5.1.1"是指《公路工程施工监理规范》(JTJ 077—95)中相关条款，全书余同。

5. 进度计划的检查:工期拖延值 = 最大{工作延误—总时差}

6. 延误处理和计划调整

1)非承包人责任:延期时间 = 工期拖延时间;关键工作不扣除。

2)承包人责任:工期拖延,则加快后续工程进度。

3)延期申请的规定:时限在事件发生的 28 天内,否则不受理。

4)计划调整的方法和考虑的因素:改变关键工作的逻辑关系(组织关系);压缩关键工作的时间。

5)计划调整的的措施:组织措施、技术措施、经济措施及其他配套措施。

【例题】

(1)以下叙述正确的是(CD)。

A. 承包人可自行采用加快工程进度的措施

B. 承包人采用措施加快工程进度时,可以要求支付附加费用

C. 承包人采取加快进度措施所涉及业主的附加监督费由其自己承担

D. 关键线路上的施工力量安排应与非关键线路上的施工力量安排相适应

(2)承包人提交的工程总进度计划的总工期(BD)。

A. 与合同工期无关　　B. 必须符合工程项目的总工期

C. 必要时可超过总工期　　D. 应等于或少于合同工期

(3)在将要开工前或在开工以后合理的时间内,监理工程师应要求承包人提交以下文件(ACE)。

A. 年度进度计划及现金流动估算　　B. 有关施工方案和施工方法的总说明

C. 月(季)度进度计划及现金流动估算　　D. 有关全部支付的现金流动估算

E. 分项(或分部)工程的进度计划

(4)进度计划的表示方法上,总体进度计划及关键项目的工程进度计划可采用(ABCD)。

A. 斜道图　　B. 横道图　　C. 网络图　　D. 进度曲线　　E. 流程图

(5)工作进度计划的主要形式包括(ABCE)。

A. 横道图　　B. 斜条图　　C. 网络图　　D. 形象图　　E. 进度曲线

(6)监理工程师对进度计划的审查内容为(ABC)。(2004 年试题)

A. 工期安排的合理性　　B. 施工准备的可靠性

C. 计划与能力的适应性　　D. 机械设备的协调性

E. 实现目标的准确性

(7)在提出施工进度调整措施时,主要考虑的因素有(ABCD)。

A. 后续施工活动合同工期要求　　B. 对材料物资供应的影响

C. 劳动力供应情况　　D. 投资分配的影响

E. 对不可预见的事件　　F. 项目参加者的错误

(8)下列属于工程进度监理职责与权限的是(C)。(2005 年试题)

A. 主持开工前的第一次工地会议　　B. 签发动员预付款支付证书

C. 审批承包人在开工前提交的现金流动计划　　D. 签发各项工程的开工通知单

(9)月(季)度施工进度计划包括(BCD)。

A. 工程施工总进度计划　　B. 分项工程施工进度计划

C. 设备、材料采购计划　　D. 资金流动计划与施工人员安排计划

(10)提交总进度计划应包括下述内容(BC)。

A. 总进度计划　　B. 关键工程进度计划　　C. 现金流动计划

D. 施工组织计划　　E. 进度计划调整方案

(11)施工进度滞后时,监理工程师可建议承包人加快进度的措施有(ABDE)。

A. 采取技术措施,缩短工艺流程　　B. 增加设备和人员

C. 改善劳动条件和福利　　D. 开辟新工作面

E. 加班加点　　F. 加强现场管理

(12)工程进度事中控制过程中应重点做好下列工作(BCDE)。

A. 编制项目实施总进度计划　　B. 工程进度检查

C. 按合同要求进行工程计量验收　　D. 进度计量签证

E. 建立工程进度状况监理日志

(13)监理工程师实施工程进度监理主要职责之一是审批承包人在开工前提交的总体施工进度计划、现金流动计划和总说明以及在施工阶段提交的各种详细计划和变更计划。

(√)(2003 年试题)

(14)承包人提出和采取的加快工程进度的措施经过监理工程师批准后,为此而增加的施工费用应由承包人自负。　　(√)(2003 年试题)

五、重点复习题及参考答案

1. 单选题(将正确答案的序号填入括号内)

(1)签署工程施工开工令的人是(　)。

A. 项目总监理工程师　　B. 总监代表　　C. 业主　　D. 上级主管部门领导

(2)某施工工地,总工作量为 $10000m^3$,每个机械台班的计划工作量为 $500m^3$,其有 4 台相同型号机械进行施工,请问该土石方施工的流水节拍 t_i =(　)。

A. 2　　B. 3　　C. 4　　D. 5

(3)承包商应在首次延期事件发生(　)内,申报延期申请意向。

A. 7 天　　B. 14 天　　C. 21 天　　D. 28 天

(4)某网络计划中有一项非关键工作,总时差为 5 天,局部时差为 3 天。由于业主未能按时提供施工场地,造成施工耽误 6 天,施工单位申请工程延期,监理工程师应批准的延期时间为(　)。

A. 1 天　　B. 5 天　　C. 6 天　　D. 不同意延期

(5)某双代号网络图有 A、B、C、D、E 五项工作,A、B 完成后 D 才能开始,B、C 完成后 E 开始。试选择正确的图形(　)。

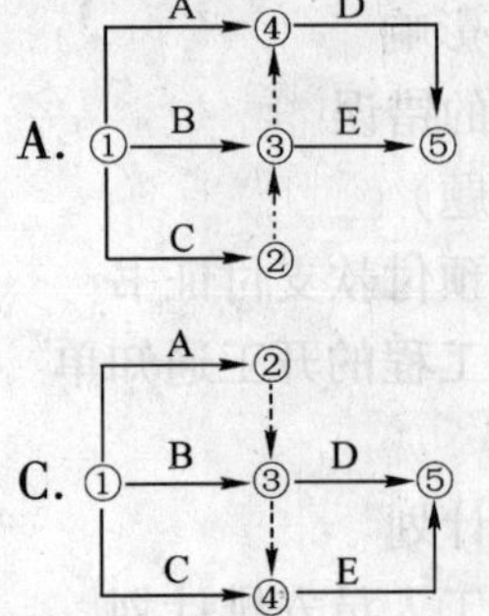

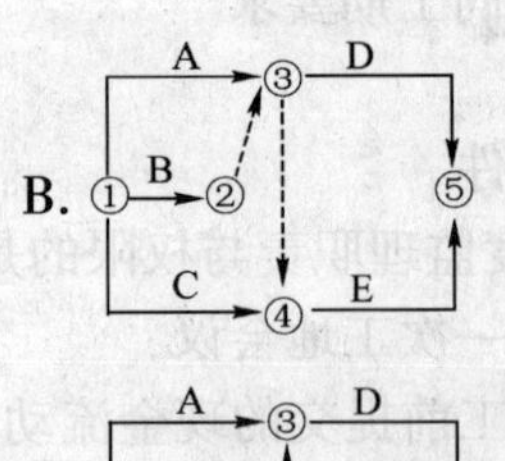

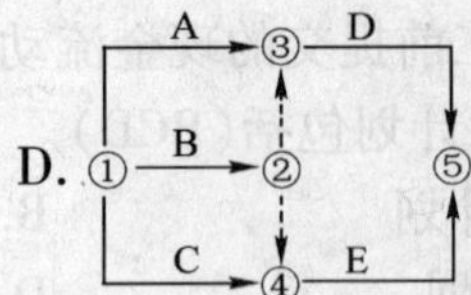

(6)工作的总时差的含义是(　　)。

A. 不影响任何一项紧后工作最早开始的情况下,该工作的极限机动时间

B. 不影响任何一项紧后工作最迟开始的情况下,该工作的极限机动时间

C. 不影响任何一项紧前工作最早结束的情况下,该工作的极限机动时间

D. 不影响任何一项紧前工作最迟结束的情况下,该工作的极限机动时间

(7)由于非承包商的原因造成计划工期的延长,则(　　)。

A. 承包商无须做任何工作,理应获得延长的工期

B. 承包商应向业主报告,由业主确定延长的工期

C. 承包商应向监理工程师报告,监理工程师审查并确定延长的工期

D. 承包商应向监理工程师和业主报告,才能获得延长的工期

(8)网络计划工期优化的目标是(　　)。

A. 确定最低成本工期　　B. 确定最短工期

C. 确定满足目标工期的计划方案　　D. 缩短关键线路

(9)工程费用与工期的关系为(　　)。

A. 直接费随工期缩短而减少,间接费随工期缩短而增加

B. 直接费随工期缩短而增加,间接费随工期缩短而减少

C. 直接费和间接费均随工期缩短而减少

D. 直接费和间接费均随工期缩短而增加

2. 多选题(将正确答案的序号填入括号内)

(1)施工组织的基本方法有(　　)。

A. 平行作业　　B. 流水作业

C. 平行流水作业　　D. 顺序作业

(2)施工过程组织必须遵循的原则有(　　)。

A. 公正性　B. 经济性　C. 合同性

D. 连续性　E. 均衡性　F. 协调性

(3)下列时间参数中,单代号网络具有的有(　　)。

A. ES　B. ET　C. EF　D. LF　E. LT　F. LS

(4)在网络图中,允许(　　)。

A. 有多个起点　　B. 只有一个终点节点

C. 有闭合回路　　D. 箭头节点编号大于箭属节点编号

E. 有箭头上引出另一条箭线

(5)下列情况中,可用S曲线表示的有(　　)。

A. 单位时间工作量完成情况　　B. 单位时间完成累计工作量情况

C. 某一时刻完成工作量的百分比情况　　D. 某一时刻完成累计工作量的百分比情况

(6)确定施工进度控制目标的主要依据有(　　)。

A. 工程建设总进度目标对施工工期的要求

B. 工期定额,类似工程项目的实际进度

C. 工程难易程度　　D. 工程条件及其落实情况

E. 进度计划的表示方法　　F. 进度计划的检查与监督

(7)横道图适应于(　　)。

A. 编制集中性工程进度计划　　B. 材料供应计划

C. 定量分析采用计算机计算　　D. 工程进度实施中的监控

(8)关于工程进度的表述正确的是(　　)。

A. 当所有工期延误值 <0 时,说明是工期提前　　B. 关键线路只能是一条

C. EF = LF 则说明该工序在关键线路上　　D. 关键线路工期是可以压缩的

E. 顺序作业,平行作业. 流水作业三者可以转化

F. 非关键工序延长不能导致关键线路的改变

(9)网络计划中,工作的总时差等于(　　)。

A. 该工作的最迟完成时间与其最早完成时间之差

B. 该工作的紧后工作的最迟开始时间与本工作最迟完成时间之差

C. 该工作的紧后工作的最早开始时间与本工作最迟完成时间之差

D. 该工作的最迟开始时间与其最早开始时间之差

(10)双代号网络计划中引入虚工作,是为了(　　)。

A. 表达不需要消耗时间的工作　　B. 表达不需要消耗资源的工作

C. 表达工作间的逻辑关系　　D. 满足绘图规则的要求

E. 节省箭线和节点

(11)下列的工作进度偏差,对工期产生影响的有(　　)。

A. 关键工作的持续时间的延长

B. 非关键工作的开始时间晚于其最迟开始时间

C. 非关键工作的持续时间的延长至原持续时间加上它的自由时差

D. 非关键工作的持续时间的延长至其原持续时间加上它的总时差

(12)实际进度前锋点的标定方法有(　　)。

A. 按已完成的实际工程量来标定　　B. 按已计量支付的工程量来标定

C. 按尚需时间来标定　　D. 按已用去的时间来标定

(13)实际进度与计划进度图形的跟踪比较方法有(　　)。

A. 进度前锋线法　　B. 横道图比较法　　C. S 形曲线比较法

D. 排列图法　　E. 香蕉线曲线比较法

3. 判断题(对的打"✓",错的打"×")

(1)当用 S 形曲线比较法进行进度比较时,如果按工程实际进度描出的点落在原计划 S 形曲线的左侧,则表示此时实际进度比计划进度落后。(　)

(2)流水步距是指相邻两专业作业队相继投入同一施工段开始施工的时间间隔。(　)

(3)施工组织的基本作业方式有三种,其中流水作业最科学,顺序作业最经济,平行作业时间最长,所以三者可以综合使用。(　)

(4)FIDIC 通用条款第 46 条规定,承包人加快工程进度以及夜间或公认的休息日加班,必须取得监理工程师的同意,由此引起的附加费用由业主负担。(　)

(5)在网络计划的执行过程中,若某项工作由于非承包人的原因或责任被延误,则承包人可获得工期顺延。(　)

(6)网络中最长的线路称为关键线路,判定关键线路的方法有多种。(　)

(7)在网络图中工作与工作之间的关系都是由组织安排需要和资源调配需要决定的。(　)

(8)如果承包人在延期事件发生后规定时间内未提交延期申请,则监理工程师可以不作

出任何延期的决定。 ( )

4. 论述题

(1)简述承包人提交的工程总体进度计划中的主要内容。

(2)简述流水施工的主要特点。

参考答案

1. 单选题

(1)A (2)D (3)D (4)A (5)D (6)B (7)C (8)C (9)B

2. 多选题

(1)ABD (2)BDEF (3)ACDF (4)BD (5)BD

(6)ABCD (7)ABD (8)ACDF (9)AD (10)CD

(11)AD (12)AC (13)ABCE

3. 判断题

(1)× (2)✓ (3)× (4)× (5)× (6)✓ (7)× (8)✓

4. 论述题

(1)答:承包人提交的工程总体进度计划中应包括:

①工程项目的合同工期;

②各单项工程及施工阶段的各种时间参数;

③S 曲线;

④各种资源计划表;

⑤主要施工方案和施工方法等。

(2)答:流水施工的主要特点是:

①同一施工过程在不同段落间施工的连续性;

②注重工程施工的协调性,合格安排施工段落的施工;

③资源供应的均衡性;

④施工成本小;

⑤现场文明施工,组织有序。

第六部分　工程质量监理

一、工程质量管理的基本知识要点（见《工程质量监理》P14-17）[1]

1. 熟悉质量监理的依据：合同文件、合同图纸、技术规范、质量标准。

【例题】

（ABC）是评价项目施工质量的尺度。

A. 质量检验评定标准　　B. 合同文件　　C. 设计文件

D. 质量数据　　E. 工程验收资料　　F. 质量评定资料

2. 熟悉质量监理的特点：法律授的权力、三全的全面管理、主动监理、与支付挂钩。

3. 掌握公路工程施工各阶段质量监理的内容（见《工程质量监理》P19-23）

施工质量监理分为三阶段：施工准备、施工、交工和缺陷责任期。

【例题】

（1）质量监理分为（ABD）阶段。（2005 年试题）

A. 施工准备阶段　　B. 施工阶段

C. 竣工验收阶段　　D. 交工及缺陷责任期阶段

（2）简述监理工程师在施工准备阶段的主要任务。（15 分）（2005 年试题）

答：答案要点（每要点 1 分）：

①熟悉施工设计文件；

②制定详细的监理工作计划；

③发布开工令；

④召开第一次工地会议；

⑤审批承包人的工程进度计划（含施工组织设计）；

⑥审批承包人的质量保证体系；

⑦检验承包人的进场材料；

⑧审批承包人的标准试验；

⑨检查承包人的保险及担保，支付动员预付款；

⑩审查承包人的施工机械设备；

⑪验收承包人的施工定线；

⑫验收承包人测定的地面线；

⑬审批承包人提前的施工图；、

⑭检查承包人占用工程场地；

⑮监理其他与保证工期开工有关的施工准备工作。

注：[1]《工程质量监理》，李宇峙主编，人民交通出版社，1999 年出版，全书余同。

4. 掌握质量监理的程序:3 个程序组成(见《监理概论》P137)

1)质量控制检查程序 6 步(见《监理概论》P138-140)。

开工报告、工序自检报告、检查认可、中间交工报告、证书、中间计量。

2)质量缺陷与事故处理程序。

3)监理试验工作程序:4.3.6.2(抽检题率为 10% ~20%)。

【例题】

(1)公路工程施工质量监理程序的第一个环节是(C)。(2004 年试题)

A. 承包人自检　　B. 承包人填报《质量验收通知单》

C. 承包人填报《开工申请单》　　D. 监理抽检质量

(2)监理中心试验室应在承包人进行标准试验的同时或以后平行进行复核对比试验。中心试验室可以(ABC)承包人标准试验的参数或指标。(2003 年试题)

A. 肯定　　B. 否定　　C. 调整　　D. 不理睬

(3)除工地实验室外,承包人试验室还包括(A)。(2005 年试题)

A. 中心试验室　　B. 流动试验室

C. 检测中心　　D. 质监站试验室

(4)监理工程师书面指示进行某项检查试验,届时他既未出席,又未发布其他指令,承包人应(BC)。(2005 年试题)

A. 推迟试验等待监理工程师出席　　B. 自行试验

C. 将试验记录送监理工程师　　D. 质量是否合格由试验数据判定

E. 不必试验、书面请求监理工程师承认该部分产品合格

(5)施工人员素质是影响工程质量的主要因素之一,除此之外还有(ABCD)。(2005 年试题)

A. 工程材料　　B. 机械设备　　C. 工艺方法　　D. 环境条件

(6)根据建设任务、施工管理和质量检验评定需要,公路建设项目可划分为(AEF)。(2005 年试题)

A. 单位工程　　B. 单项工程　　C. 重点工程

D. 一般工程　　E. 分部工程　　F. 分项工程

(7)工程质量监理是监理工程师对一项工程实行全过程、全方位、全天候的旁站。　(×)(2004 年试题)

(8)当监理中心试验室试验结果与承包人的试验结果出现允许误差以外的差异时,一般以承包人的试验结果为准。　(×)(2004 年试题)

(9)承包人的质量负责人在工序施工中可不在现场,但在自检和监理工程师验收时,必须亲临现场。　(×)(2004 年试题)

5. 掌握质量监理的主要方法(见《监理概论》P146-147):**旁站、测量、试验、指令、抽查、工序控制**(有些题目可能还有"巡视")。

【例题】

(1)工程质量监理的主要方法有(ABCD)。(2004 年试题)

A. 旁站　　B. 试验　　C. 抽检　　D. 工序控制

(2)(C)不是质量检验的方法。(2005 年试题)

A. 目测法　　B. 量测法　　C. 分层法　　D. 试验法

二、数理统计基础及其应用

1. 熟悉数理统计的基础知识中的统计特征量

1)算术平均值:N 个数据的和/N。

2)中位值:N 个数据小到大排序后中间的数;偶数个数据时取中间两个的平均值。

3)极差:N 个数据中的最大值 - 最小值。

4)标准偏差:N 个数据与算术平均值的差的平方后的和/$(N-1)$。

5)变异系数:标准偏差/算术平均值。

2. 熟悉常用的数理统计方法

直方图、控制图、相关图(因果图、排列图、分层图、统计调查分析法)

3. 掌握公路工程质量评定中数理统计方法及应用(计算暂时不考虑)

【例题】

(1)在一组数据中最大值与最小值之差称为(　)。(2004 年试题)

A. 中位数　　B. 极差　　C. 标准差　　D. 变异系数

(2)质量控制中比较常用而有效的统计方法有:(ABCE)。(2003、2004 年试题)

A. 频数分布直方图法　　B. 排列图法　　C. 控制图法

D. 加权平均法　　E. 因果分析图法

三、公路工程质量监理

1. 熟悉路基工程质量监理的基本要点

1)压实度的因素:含水量、土类、压实功能、压实土层厚度。

2)压实的检测的方法:灌砂法、环刀法、蜡封法、水袋法、核子密度仪法。

【例题】

(1)影响压实效果的主要因素有(ABCD)。

A. 含水量　　B. 土类　　C. 压实功能　　D. 压实土层厚度

(2)影响压实效果的最主要因素是(A)

A. 含水量　　B. 土类　　C. 压实功能　　D. 压实土层厚度

(3)路基压实度可用(ABC)检测。(2004 年试题)

A. 灌砂法　　B. 环刀法　　C. 核子密度仪法　　D. 钻孔取芯法

2. 熟悉路面工程质量监理的基本要点

1)路面结构层分类:力学(刚性、柔性、半刚性)、材料(沥青、水泥等)。

2)路面的质量要求:强度(压碎、磨耗、抗压折剪)、刚度、稳定性(水稳定性、温度稳定性)。

3)结构层施工时的实际调整值。

【例题】

(1)从路面力学特性出发,一般把路面分为(BD)结构类型。

A. 沥青路面　　B. 柔性路面　　C. 混凝土路面　　D. 刚性

(2)路面基层摊铺时混合料的含水量宜高于最佳含水量(A),以补偿摊铺及碾压过程中的水分损失。(2004 年试题)

A. 0.5% ~1.0%　　B. 1.0% ~1.5%　　C. 1.5% ~2.0%　　D. 2.0% ~2.5%

3. 熟悉桥梁和隧道工程质量监理的基本要点

1)桥梁隧道工程质量监理的分项分类；

2)桥梁隧道质量监理的控制指标。

四、公路工程施工期环境保护监理

1. 施工临时设施工程在施工过程中的环境保护(5 项,见《工程质量监理》P257)

2. 路基工程在施工过程中的环境保护(见《工程质量监理》P259-260)

3. 路面工程在施工过程中的环境保护(见《工程质量监理》P260)

4. 桥涵工程在施工过程中的环境保护(见《工程质量监理》P260)

五、重点复习题及参考答案

1. 单选题(将正确答案的序号填入括号内)

(1)监理工程师中心试验室应按(　　)的频率独立进行抽样检查,以确定承包人的抽样试验是否真实可靠。

A. 5% ~15%　　B. 10% ~15%　　C. 10% ~20%　　D. 5% ~10%

(2)在进行现场压实质量的评定时,施工单位自检人员的检测频率为 2000m^2 检验(　　)点。

A. 2　　B. 4　　C. 6　　D. 8

(3)在铺筑热拌沥青混合料面层试验路段之前(　　)天,承包人应安装好与本项工程有关的全部试验仪器和设备,配备足够数量的熟练试验技术人员,报监理工程师审查批准。

A. 7　　B. 14　　C. 28　　D. 56

(4)盖板涵及箱涵台背填土必须在支撑梁(或涵底铺砌)及盖板安装且砂浆强度达到(　　)以后方可进行。

A. 70%　　B. 80%　　C. 90%　　D. 100%

(5)质量评定中,桥台锥坡应纳入(　　)分部工程评定。

A. 桥梁基础及下部构造　　B. 桥梁上部构造

C. 桥梁防护工程　　D. 桥梁引道工程

2. 多选题(将正确答案的序号填入括号内)

(1)工程质量监理的方法有(　　　)。

A. 测量　　B. 试验　　C. 指令文件　　D. 巡视　　E. 旁站　　F. 抽查

(2)以下属于质量监理依据的有(　　　)。

A. 合同条件　　B. 合同图纸

C. 技术规范　　D. 质量标准

(3)有关工艺试验的说法正确的有(　　　)。

A. 监理应对承包人的工艺试验进行全工程旁站

B. 工艺试验不是监理实验室的工作内容

C. 工艺试验是依据合同书的规定

D. 工艺试验应有两组以上方案

E. 工艺试验方案必须经监理工程师批准

(4)监理工程师对承包人的试验管理包括(　　)。

A. 对其试验室进行全面监督和管理

B. 要求其所有实验仪器必须事前标定

C. 要求其所有试验人员必须持证上岗

D. 要求其严格执行试验规范和操作规程

E. 重要试验应有监理人员在场监督

(5)标准试验是(　　)。

A. 现场质量控制的重要手段　　B. 控制指导施工的科学依据

C. 包括水泥试验　　D. 包括集料的级配试验

E. 结构的强度试验

(6)当承包人与监理的试验结果发生较大差异时,(　　)。

A. 一般应以承包人结果为准　　B. 一般应以监理结果为准

C. 应以第三方试验结果为准　　D. 由承包人与监理商量解决

E. 双方争执不下时以有资格的政府监督部门试验结果为准

(7)当承包人的质量缺陷处于萌芽状态时,监理工程师应(　　)。

A. 及时制止　　B. 观其发展状态再作决定

C. 要求立即更换不合格材料　　D. 要求立即更换不称职的人员

E. 要求立即改变不正确施工方法或工艺

(8)监理工程师收到承包人递交的交工申请时,应确认工程满足(　　)。

A. 承包人书面申请　　B. 工程确实完成　　C. 工程检验合格

D. 现场清理完毕　　E. 交工资料齐备

(9)质量控制中常用的统计方法有(　　)。

A. 相关图法　　B. 控制图法　　C. 横道图法

D. 网络图法　　E. 频数分布直方图法

(10)变异系数是(　　)。

A. 算术平均值与样本值的比值　　B. 反映样本数据的绝对波动状况

C. 用字母组合 Cv 表示　　D. 均方差与算术平均值的比值

(11)用统计的规则,以下数据精确到小数后一位后正确的是(　　)。

A. 34.25→34.2　　B. 34.15→34.2　　C. 33.75→33.8　　D. 33.85→33.8

(12)随机抽样的方法有(　　)。

A. 单纯随机抽样　　B. 系统抽样　　C. 分层抽样　　D. 间隔定量法

(13)以下属于路基工程质量监理要点的是(　　)。

A. 对承包人机械设备进行检查

B. 对承包人施工准备工作进行检查

C. 对路基工程施工所需材料进行复查试验

D. 对路及工程的综合排水设施加强现场监理

E. 严格检查承包人的分层填筑厚度和压实度

(14)基层施工前,监理工程师应检查的内容有(　　)。

A. 施工机械设备

B. 混合料拌和场的位置、拌和设备以及运输车辆能否满足质量要求及连续施工的要求

C. 路用原材料

D. 混合料配合比设计试验报告

E. 试验路段施工与总结报告

(15)基层(底基层)混合料的试验项目有(　　)。

A. 重型击实试验　　B. 承载比　　C. 抗压强度

D. 耐久性　　E. 筛分试验

(16)沥青混合料组成设计的目标(　　)。

A. 高温稳定性　　B. 低温抗裂性　　C. 耐久性

D. 抗滑性　　E. 抗疲劳性　　F. 针入度

(17)对路面的基本要求有(　　)。

A. 强度和刚度　　B. 稳定性　　C. 耐久性

D. 表面性能　　E. 平整度　　F. 抗滑性

(18)基层结构的稳定性,包括(　　)。

A. 水稳定性　　B. 高温稳定性

C. 温度稳定性　　D. 低温抗裂性

(19)桥梁的基本组成有(　　)。

A. 桥跨结构　　B. 桥墩和桥台

C. 支座　　D. 桥面

(20)桥梁明挖基础的分类有(　　)。

A. 刚性扩大基础　　B. 单独或联合基础

C. 条形基础　　D. 片筏和箱形基础

(21)隧道分项工程划分为(　　)。

A. 洞口工程　　B. 洞身工程

C. 防水与排水工程　　D. 附属设施工程

(22)混凝土路面施工时,监理工程师应注意(　　)等接缝的处理。

A. 横向施工缝　　B. 横向缩缝　　C. 横向胀缝

D. 纵向缩缝　　E. 纵向施工缝

(23)公路工程环保监理的依据有(　　)。

A. 项目的环境影响评价报告书　　B. 项目的环境行动计划

C. 国家有关资源环境保护法规　　D. 国家有关文物保护法规

E. 国家有关环境质量保护法规　　F. 地方有关环境质量保护法规

(24)环保监理主要有以下(　　)主要环节。

A. 施工期环境保护措施报告表　　B. 施工期环保措施实施情况的核查

C. 施工现场环境监测　　D. 施工工艺监测

(25)应注意临时设施(　　)的环保要求。

A. 供水　　B. 生活污水　　C. 垃圾处理　　D. 控制扬尘　　E. 噪声控制

(26)交通安全设施主要有(　　)

A. 护栏　　B. 隔离设施　　C. 防眩设施

D. 视线诱导设施　　E. 标志　　F. 标线

3. 判断题(对的打"✓",错的打"×")

(1)混凝土路面施工过程中,如果试件的试验结果表明28天混凝土强度达不到规定强度时,监理工程师就可认为承包人该段混凝土施工质量不合格。(　)

(2)在桥墩、支柱或桥台混凝土未达到图纸规定强度或设计等级时,在经监理工程师许可后,可架设预制构件。(　)

4. 论述题

(1)论述填方施工过程中,监理工程师应注意检查的内容有哪些?

(2)监理进行质量控制的基本方法有哪些?论述其内容。

(3)背景:某桥梁工程在施工过程中,施工单位未经监理工程师事先同意,订购了一批锚具,锚具运抵施工现场后监理工程师进行了检验,检验中监理人员发现锚具质量存在以下问题:

①施工单位未成提交产品合格证,质量保证书和检验证明资料;

②实物外观粗糙,标识不清,且有锈斑。

问题:监理工程师应如何处理上述问题?

参考答案

1. 单选题

(1)C　(2)D　(3)C　(4)A　(5)A

2. 多选题

(1)ABCDEF　(2)ABCD　(3)ADE　(4)ABCDE　(5)ABDE

(6)BE　(7)ABCDE　(8)ABCDE　(9)ABE　(10)BD

(11)ABCD　(12)ABC　(13)ABCDE　(14)ABCDE　(15)ABCD

(16)ABCDE　(17)ABCD　(18)AC　(19)ABC　(20)ABCD

(21)ABCD　(22)ABCDE　(23)ABCDEF　(24)ABC　(25)ABCDE

(26)ABCDEF

3. 判断题

(1)×　(2)×

4. 论述题

(1)**答**:填方施工过程中,监理工程师应注意检查的内容有:①确定不同种类填土最大干密度和最佳含水量;②检查控制填土含水量;③分层填筑、分层碾压;④全宽填筑、全宽碾压;⑤加强测试检验及压实控制。

(2)**答**:基本方法有:检查核实、抽样试验、测量、旁站、巡视、指令文件。

①检查核实:主要针对承包人所报送的各类表格和数量进行内业外业核实。

②抽样试验:是确认各种材料和质量的主要依据,是监理工程师坚持"一切以数据说话"的基础。

③测量:是进行质量、数量检查和控制的重要手段。

④旁站:是控制关键工程质量、数量的必要方法。

⑤巡视:保证整体工程质量的重要手段之一。

⑥指令文件:是解决工程中各种主体及控制工程质量数量、进度的重要手段。

(3)**答**:考核要点:对于监理工作中发现的工程材料质量问题,如何妥善处理,以及监理工作中对类似质量问题处理程序,方法等内容的掌握程度。解答这类问题,应首先从监理工作的基本理序和处理步骤入手,回答处理过程中监理工程师应提出什么要求,发送哪些书面文件,并分析这一事件可能引起的经济,法律责任等。

第七部分　工程费用监理

一、基础知识要点

1. 了解工程费用监理的目的、原则、与方法（见《工程费用监理》P7-11）[❶]

1）目的：对工程费用目标动态控制，实现工程费用目标的最优。

2）原则（见《工程费用监理》P7-10）：

（1）政策性原则；（2）合同原则；（3）公正原则；（4）责权利结合的原则。

3）方法（见《工程费用监理》P10-11）：

事前监理；事中监理（跟踪监理）；事后监理。

2. 熟悉工程费用预算的种类（见《工程费用监理》P48）

估算、概算（设计和修正）、预算、施工预算、标底、报价、合同价。

【例题】

（1）（B）不是工程费用的部分。（2005 年试题）

A. 间接成本　　B. 设备费

C. 法定税金　　D. 利润

（2）施工现场经费包括（BD）。（2003、2005 年试题）

A. 施工技术装备费　　B. 临时设施费

C. 施工机构迁移费　　D. 现场管理费

（3）（D）不是公路工程建设资金的筹资方式。（2005 年试题）

A. 政府特许经营　　B. 成立政府项目责任公司

C. 发放国债　　D. 群众集资

3. 熟悉工程量清单的内容及其应用（见《工程费用监理》P57-62）

1）工程量清单的内容：前言、分项清单表、计日工明细表、清单汇总表。

2）工程量清单的应用：便于编标底、投标人共同的报价基础、计量的依据。

【例题】

在工程量清单的编制工作中，工程量计算的依据是（AD）。（2004 年试题）

A. 设计图纸　　B. 工程定额　　C. 项目编号　　D. 工程量计算规则

4. 熟悉工程费用监理要点（见《监理概论》P149-150）

二、工程计量知识要点

1. 了解工程计量的范围（见《监理概论》P150，《监理规范》6.2.1.1）

1）工程量清单及修订的工程量清单的内容。

注：❶《工程费用监理》，张建仁主编，人民交通出版社，1999 年出版。

2)合同文件规定的各项费用支付。

2. 了解工程计量的原则(见《监理概论》P150,《工程费用监理》P92,《监理规范》6.2.1.3)

1)不符合合同文件要求的工程,不得计量。

2)按合同文件所规定的方法、范围、内容、单位计量。

3)按监理工程师同意的计量方法计量。

【例题】

公路工程计量的原则是(ACD)。(2004 年试题,B 选否无关系)

A. 不符合合同文件要求的工程不计量

B. 承包人手续不全不计量

C. 按合同文件规定的方法、范围、内容、单位计量

D. 按监理工程师同意的方法计量

E. 按习惯计量的方法计量

3. 了解工程计量的依据(见《监理概论》P150,《工程费用监理》P82,《监理规范》6.2.1.2)

注意区别于计量主要文件。

1)工程量清单及说明(费用教材:有质量合格证书);

2)合同图纸;

3)工程变更令及修订的工程量清单;

4)合同条件;

5)技术规范;

6)有关计量的补充协议;

7)索赔时间/金额审批表。

【例题】

工程计量的主要文件包括(ABCDE)。(2003、2005 年试题,该题可能打印错误应该是计量依据而不是计量主要文件)

A. 工程量清单及说明　　B. 合同图纸　　C. 工程变更令及修订的工程量清单

D. 合同条件　　E. 技术规范及有关计量的补充协议

4. 熟悉工程计量的主要文件(见《监理概论》P152,《监理规范》6.2.3.4)

1)中间计量表;

2)工程分项开工申请批复单;

3)检验申请批复单;

4)工程质量检验表有关的质量评定意见;

5)工程变更令;

6)中间交工证书。

5. 熟悉工程计量的方式(见《监理概论》P151,《工程费用监理》P87,《监理规范》6.2.2)

1)监理工程师单独计量;

2)承包人进行计量;

3)监理工程师与承包人共同计量。

规范 6.2.2 所说的方式就是监理与承包人共同计量。

6. 工程计量的方法(见《监理概论》P150-151,《工程费用监理》P93)

1)费用教材的方法:

断面法，图纸法，钻孔取样法，分项计量法，均摊法，凭证法，估价法。

2）概论教材的方法：

实地测量计量法，记录、图纸计算法。

3）实际计量的注意点：

（1）计量应以“净值”为准，应正确理解。

（2）计量应该注意质量检验和中间交工的要求。

【例题】

（1）监理工程师对结构物混凝土体积进行计量，应以（A）为准。（2004 年试题）

A. 合同图纸净尺寸　　B. 现场实际测量尺寸

C. 与业主协商确定　　D. 与承包人共同确认

（2）承包人开挖基坑的范围超过了合同技术规范规定的超挖上限，虽然没有变更令，监理工程师（B）。（2003、2004 年试题）

A. 可以根据实际情况对超挖部分予以计量　　B. 对超过上限部分不予计量

C. 承包人协商处理

（3）工程计量时，应以（D）为准。（2003、2005 年试题）

A. 图纸给定的数量　　B. 工程量清单数量

C. 实际完成的数量　　D. 实际完成并经监理签认的数量

7. 工程计量的程序

计量通知或申请，审查有关文件资料，填写中间计量表，附上计量主要文件规范中 6.2 相关工程计量的条款（见上）。

三、工程支付知识要点

1. 了解工程支付的原则（见《监理概论》P152，《工程费用监理》P125）

1）支付必须以工程计量为基础（支付是需要计量的原因）；

2）支付必须以技术规范和报价单为依据；

3）支付必须及时；

4）任何工程款的支付必须经监理工程师的审批（概论）；

5）支付不解除承包人的应尽的合同义务和应承担的合同责任（概论）；

6）支付必须以日常纪录和合同条款为依据；

7）支付必须严格按规定的程序进行。

【例题】

（1）下列说法正确的是（C）。（2003 年试题）

A. 费用支付是需要进行工程计量的最关键手段

B. 费用支付是需要进行工程计量的最关键方法

C. 费用支付是需要进行工程计量的最关键原因

D. 费用支付是需要进行工程计量的最关键途径

（2）工程支付必须以（C）为基础。（2005 年试题）

A. 工程质量　　B. 工程进度　　C. 工程计量　　D. 工程量清单

（3）对不符合技术规范和合同条件要求的工程项目，监理工程师有权暂时拒绝支付。

（√）（2005 年试题）

2. 了解前期支付、中期支付、最终支付的各种支付项目（见《监理概论》P153，《工程费用监理》P129-130）

1）前期支付：

动员预付款，履约担保的手续费，由业主承担的保险费。

2）中期支付：

工程款，暂定金，计日工，材料设备预付款，工程变更款项，保留金，索赔，价格调整，迟付款利息，对指定分包人的支付，合同中止（解除）后的支付，工程交工支付。

3）最终支付：

复核检查所有支付项的数量费用，退还保留金和履约担保，最终结算清单含说明和附件。

参见规范中6.3相关的条款（前6.3.1，中6.3.2，最终6.3.3）

【例题】

（1）（B）是一项由业主提供给承包人用作开工费用的无息款项。（2003、2004年试题）

A. 暂定金额　　B. 动员预付款　　C. 保留金　　D. 计日工

（2）在合同支付项目中，业主先支付给承包人，并在一定期间又要扣回的款项有（BE）。

A. 保留金　　B. 动员预付款　　C. 索赔费用

D. 延迟付款利息　　E. 材料预付款

（3）监理工程师必须在满足下列（ABCDE）要求后，签发支付材料设备的预付款证明。（2003年试题）

A. 材料设备将被用于永久性工程

B. 材料设备已运抵工地现场或监理工程师认可的承包人的生产场地

C. 材料设备的质量满足合同要求

D. 材料设备的存放满足合同要求

E. 承包人向监理工程师提交材料设备的订货单或收据

（4）承包人在完成较小附加工程后申请计日工支付时，应提供：（ABCD）。（2005年试题）

A. 用工清单　　B. 材料清单　　C. 设备清单

D. 费用清单　　E. 工程量清单

（5）已经支付过材料预付款的材料，其所有权归业主。（√）（2004年试题）

（6）工程施工过程中的费用监理，主要是对工程计量与支付的监督和管理。（√）（2004年试题）

（7）延迟付款利息是对业主支付的一种约束。（√）（2003年试题）

3. 熟悉工程支付程序（见《监理概论》P152，《工程费用监理》P131-134）

1）中期支付程序：

中期支付申请6.4.1.1；

中期支付申请的审定6.4.1.2；

签发中期支付证书6.4.1.3。

2）最终支付程序：

最终支付申请；

最终支付申请的审定；

签发最终支付申请证书。

参见规范中6.4相关的条款。

四、重点复习题及参考答案

1. 单选题(将正确答案的序号填入括号内)

(1)某灌注桩清孔后沉积层仍超过厚度,二次清孔后,孔深增加,浇筑后的实际桩长比设计桩长增1.3m。承包人要求对增加的混凝土量给予计量。监理工程师认为( )。

A. 不予计量　　B. 对承载力有好处,不予计量

C. 计量所增混凝土量的一半

(2)工程量清单上路基清表工程量是按平均20cm厚度估算的,开工后,承包人提出对于超过20cm厚度的清表工作应予计量,以保证清表质量,监理工程师认定( )。

A. 不予计量　　B. 为确保工程质量可予计量

C. 安排承包人与业主协商解决

(3)承包人连续3个月的期中支付额均达到了合同规定的进度付款额,但其中运行现场的材料和设备(用于永久工程的)按比例支付的款额占了每次的期中付款的一半以上,监理工程师认为( )。

A. 只要阶段付款符合合同要求,监理工程师就没有失职

B. 应该采取措施,促进永久工程的形象

C. 合同中规定的期中支付款额是进度的反映

(4)任何合同形式的工程项目,涉及合同双方利益的最终体现是( )。

A. 合同文件　　B. 工程费用　　C. 工程质量　　D. 工程进度

(5)依据《公路工程国内招标文件范本》(2003年版),中期支付及最终支付的期限分别为( )天。

A. 28,56　　B. 28,42　　C. 21,56　　D. 21,42

(6)根据FIDIC条款,在出现承包人与业主签定合同并开始施工后,承包物价上20%的情况,由此增加的工程费用( )。

A. 由业主负担　　B. 由承包人负担

C. 由保险负担　　D. 由监理负担

(7)有关材料预付款正确的表述是( )。

A. 施工过程中,临时工程所需材料可以支付材料预付款

B. 已经支付过材料预付款和材料,其所有权归业主

C. 材料预付款的支付可以不考虑剩余永久工程支付金额

D. 材料预付款支付可依据设计工程量报算得来

2. 多选题(将正确答案的序号填入括号内)

(1)计量的原则有(   )。

A. 不符合合同文件要求的工程,不得计量

B. 按合同文件所规定的方法、范围、内容、单位计量

C. 按监理工程师同意的计量方法计量

D. 依据承包人提供的计量所需的资料计量

(2)工程计量方法有(   )。

A. 工程量清单计算法　　B. 记录、图纸计算法

C. 估算法　　　　　　　　　　　　　　　　D. 实地量测计算法

(3)现场经费包括(　　　)。(2003、2005 年试题)

A. 施工技术装备费　　　　　　　　　　　B. 临时设施费

C. 施工机构迁移费　　　　　　　　　　　D. 现场管理费

(4)经济分析的基本方法有(　　　)。

A. 现值法　　　　　　　B. 年值法　　　　　　　C. 内部收益率

D. 投资回收期法　　　　E. 经验分析法

(5)工程费用及其支付的特点主要有(　　　)。

A. 单件性计价支付　　　　　　　　　　　B. 一次性计价支付

C. 多次性计价支付　　　　　　　　　　　D. 批量性计价支付

(6)FIDIC 费用管理的特点有(　　　)。

A. 承包人申请、使用　　　　　　　　　　B. 监理工程师签认

C. 业主支付　　　　　　　　　　　　　　D. 通过银行付款

(7)工程计量的依据有(　　　)。

A. 质量合格证书　　　　　　　　　　　　B. 工程量清单前言和技术规范

C. 设计图纸　　　　　　　　　　　　　　D. 工作指令

(8)按支付的内容分,工程费用支付可分为(　　　)。

A. 清单支付　　　　　　　　　　　　　　B. 合同支付

C. 动员预付款支付　　　　　　　　　　　D. 材料预付款支付

(9)价格调整的方法有(　　　)。

A. 基价指数法　　　B. 物价指数法　　　C. 票证法　　　D. 公式法

(10)以下支付项目中,属于中期支付的有(　　　)。

A. 动员预付款　　　　　B. 材料设备预付款　　　　　C. 暂定金额

D. 索赔　　　　　　　　E. 迟付款利息

(11)FIDIC 合同条件下工程费用的支付中,工程量清单支付项目包括(　　　)。

A. 暂定金额　　　　　B. 计日工　　　　　C. 工程变更的费用

D. 材料设备预付款　　E. 保留金

(12)在工程支付项目中,属于前期支付的有(　　　)。

A. 动员预付款　　　　　　　　　　　　　B. 履约保函手续费

C. 保险手续费　　　　　　　　　　　　　D. 材料预付款

(13)工程计量的方式(　　　)。

A. 监理工程师与承包人共同计量　　　　　B. 监理工程师单独计量

C. 承包人计量,监理工程师核实　　　　　D. 业主与监理共同计量

(14)中期支付按支付的内容可分为(　　　)。

A. 清单支付　　　　　　　　　　　　　　B. 预付款支付

C. 合同支付　　　　　　　　　　　　　　D. 迟付款利息支付

(15)监理工程师应根据合同规定,在工程进度款的支付证书中逐月扣回的款项有(　　　)。

A. 保留金　　　　　　B. 动员预付款　　　　　C. 材料设备预付款

D. 借贷款　　　　　　E. 保险金

(16)对构成工程单价有重大影响的因素是(　　　)三个方面。

A. 基础价格　　B. 工程数量　　C. 工程定额
D. 购贷渠道　　E. 各种摊入系数

3. 判断题（对的打"✓"，错的打"×"）

（1）监理工程师可指令承包人按计日工完成特殊的、较小的变更工程或附加工程。（　）（2003 年试题）

（2）缺陷责任期一般为一年，起算日期以工程完成时的日期为准。（　）（2003 年试题）

（3）延迟付款利息是对业主支付的一种约束。（　）（2003 年试题）

（4）资金的时间价值是指随着时间的推移，经储藏保存后带来的增值。（　）

（5）合同中未在工程量清单中填入单价或总额的工程细目，将被认为其已包含在本合同的其他细目的单价和总额价中，业主将不另行支付。（　）

（6）工程施工过程中的费用监理，主要工作是对工程计量与支付的监督和管理。（　）

（7）有效合同价是指包含暂定金额费用之后的合同价格。（　）

（8）工程费用支付必须以工程计量为基础，以技术规范和报价单为依据来进行。（　）

（9）工程量清单上开列的工程量是预算量，是应予完成的实际和准确的工程量。（　）

（10）计量是支付的前提。（　）

（11）编制工程量清单时采用的计算方法将继续用于实际工程计量。（　）

（12）工程单价就是基础单价。（　）

（13）工程结算与工程决算是一回事。（　）

（14）在计量组织的三种类型（监理独立计量、承包商独立计量、联合计量）中承包商独立计量就是指由承包商自行进行的计量。（　）

（15）动员预付款扣回一般始于工程进度付款证书的累计金额超过合同价值的 20% 的当日，而止于合同竣工日期。（　）

4. 论述题

（1）论述工程量清单及其作用。

（2）材料设备预付款的支付条件及应注意哪些问题？

（3）监理工程师在签发支付材料设备预付款证明时，应注意哪些问题？

（4）监理工程师在费用监理中的根本职责和权利是什么？

参 考 答 案

1. 单选题

（1）A　（2）A　（3）B　（4）B　（5）D　（6）A　（7）B

2. 多选题

（1）ABC　（2）BD　（3）BD　（4）ABCD　（5）AC
（6）ABC　（7）ABC　（8）AB　（9）CD　（10）BCDE
（11）AB　（12）ABC　（13）ABC　（14）AC　（15）BC
（16）ACE

3. 判断题

（1）✓　（2）×　（3）✓　（4）×　（5）✓　（6）✓　（7）×　（8）✓
（9）×　（10）✓　（11）✓　（12）×　（13）×　（14）×　（15）×

4. 论述题

(1)**答:**工程量清单构成标书的一部分,列有按合同实施的工作说明,项目估算的工程量及已标价的工程量表。清单的作用有:

①为编制标底服务;

②为所有投标人提供一个报价计算的共同基础;

③为实施工程计量与支付提供重要依据。

(2)**答:**监理工程师签发支付材料设备预付款证明时,需具备以下条件:

①材料设备将被用于永久性工程;

②材料设备已运抵工地现场或监理工程师认可的承包人的生产场地;

③材料设备的质量和存放均满足合同要求;

④承包人向监理工程师提交材料设备的订货单或收据。

(3)**答:**①累计支付材料设备预付款的金额不应超过合同剩余工作量;

②累计支付材料设备预付款的材料设备数量不应超过工程所需的实际总数量;

③设备预付款的材料设备的品种应与工程计划进度相匹配;

④已支付材料设备预付款的材料设备,所有权归业主。

(4)**答:**计量的根本职责就是按合同有关规定准确测定已完工程的实际工程量;计量权利实际上是对计量结果的确认权。

第八部分　交工及缺陷责任期监理

一、知识要点

1. 了解交工证书的类型(8.1.1)

(1)合同工程的交工证书(8.1.1.1);

(2)部分工程交工证书(8.1.1.2)。

2. 了解签发交工证书的必要条件(8.1.2)

(1)承包人书面申请(8.1.2.1);

(2)工程确实完成(8.1.2.2);

(3)工程检验合格(8.1.2.3);

(4)现场清理完毕(8.1.2.4);

(5)交工资料(8.1.2.5)。

3. 熟悉工程交工证书签发程序和交工证书必须包括的内容

1)工程交工证书签发程序:

(1)成立交工检查小组(8.1.3.1)。

(2)对交工申请进行审查(8.1.3.2)。

(3)现场检查与评价(8.1.3.3):检查现场以及清理情况;评价缺陷。。

(4)提交检查报告(8.1.3.4):小组写报告。

(5)签发交证书(8.1.3.5):

工程交工的日期以检查小组决定的签发交工证书的日期为准。监理工程师签发。

2)工程交工证书必须包括如下内容:

(1)获得交工证书的工程范围;

(2)工程获得交工证书的日期;

(3)审查交工工程的单位;

(4)交工证书的签字人(业主、监理工程师、承包人各方代表,注意签字不是签发)。

3)交工验收由谁主持:业主。

4. 熟悉缺陷责任期监理的主要工作(8.2.2)

(1)检查承包人剩余工程计划(8.2.2.1);

(2)检查已完工程(8.2.2.2);

(3)确定缺陷责任及修复费用;

(4)督促承包人按合同规定完成交工资料(8.2.2.4)。

5. 了解缺陷责任期终止证书签发的必要条件(8.2.4.1)

1)监理工程师确认承包人已经按照合同规定及监理工程师指示完成全部剩余工程,并对全部剩余工程的质量检查认可。

2)监理工程师收到承包人含有如下内容的终止缺陷证人申请:

(1)剩余工作计划的执行情况;

(2)缺陷责任期内监理工程师发现并指示承包人进行修复的工程完成情况;

(3)交工资料的完成情况。

6. 熟悉缺陷责任期终止证书签发程序和主要内容(8.2.4)

1)缺陷责任期终止证书签发程序(与交工相似5步)。

(1)成立缺陷责任期工作检查小组;

(2)检查小组审查终止缺陷责任的申请报告;

(3)最终检查和评价:检查两个方面(剩余、全面地使用),评价现场检查结果;

(4)提交检查报告:小组写报告,报送业主,抄送承包人;

(5)签发工程缺陷责任终止证书(由监理工程师签发)。

2)缺陷责任期终止证书的主要内容:

(1)获得证书的工程范围;

(2)审查缺陷责任期工作的单位;

(3)工程交工日期及合同缺陷责任期终止日期;

(4)工程缺陷责任期终止证书的签字人(业主、监理、承包人各方代表,注意签字不是签发)。

二、重点复习题及参考答案

1. 单选题(将正确答案的序号填入括号内)

(1)公路工程交工验收由(　)主持。

A. 县、市级以上交通主管部门　　B. 县、市级以上质量监督站

C. 建设单位　　D. 监理单位

(2)工程交工日期以(　)为准。

A. 工程完工之日　　B. 承包人提交工程交工报告之日

C. 业主指定的日期　　D. 检查小组决定的签发交工证书之日

(3)缺陷责任期一般为(　)。

A. 一年　　B. 十八个月　　C. 两年　　D. 三年

(4)因施工原因造成的质量缺陷的修补和加固,应先由(　)提出修补方案和方法,经(　)批准后方可进行。

A. 设计代表,业主　　B. 监理工程师,业主

C. 承包人,设计代表　　D. 承包人,监理工程师

(5)缺陷责任终止证书签发的日期应从(　)为准。

A. 承包人提出缺陷责任终止申请报告的日期

B. 工程通过最终检验的日期

C. 最终检查报告送达监理工程师的日期

D. 业主指定的日期

(6)对于有一个以上交工日期的工程,缺陷责任期应以(　)起算。

A. 统一规定的日期　　B. 最后交工的日期

C. 最先交工的日期　　D. 分别自各自不同的交工日期

(7)交工证书的签字人有(　)。

A. 业主和监理工程师　　B. 业主和承包人

C. 监理工程师和承包人　　D. 业主、监理工程师、承包人各方的代表

(8)质量缺陷的处理方案一般应由(　)提出。(2005 年试题)

A. 施工单位　　B. 建设单位　　C. 监理单位　　D. 设计单位

2. 多选题(将正确答案的序号填入括号内)

(1)监理在缺陷责任期监理的工作包括(　　)。

A. 检查已完工程

B. 检查承包人剩余的工作

C. 督促承包人按合同规定完成交工资料

D. 确定缺陷责任及修复费用

(2)关于质量缺陷的修补或加固的叙述不正确的是(　　)。

A. 修补方案须由监理工程师提出

B. 修补措施和方法不降低质量控制指标

C. 若已完工程的缺陷不构成对工程安全的危害,可不进行处理

D. 因设计产生的质量缺陷,应通过业主提出处理方案

(3)交工检查须满足的条件有 (　　)。

A. 工程确实完成　　B. 工程检验合格

C. 交工资料齐备　　D. 承包人书面申请

E. 现场清理完备

(4)签发交工证书的必要条件是(　　)。

A. 承包人书面申请　　B. 工程确定完成　　C. 工程检验合格

D. 现场清理完毕　　E. 完成合同规定的有关交工资料　　F. 业主同意

(5)发放交工证书的基本条件是(　　)。

A. 工程已按施工合同和设计文件要求建成,具有独立使用价值

B. 按要求编制完成竣工文件

C. 按要求进行了竣工决算

D. 设计、施工、监理、业主等单位已准备好总体报告材料

E. 质量监督部门已定成工程质量检测,检验并编写完成了工程质量鉴定书

(6)工程交工证书必须包括以下内容(　　)。

A. 承包人的申请　　B. 业主的批准书

C. 获得交工证书的工程范围　　D. 工程获得交工证书的日期

E. 审查交工工程的单位　　F. 交工证书的签字人

(7)缺陷责任期属承包人责任,自费修复的项目包括(　　)。

A. 交工证书附件中所附的承包人的“剩余工作计划”的实施

B. 交工证书附件“工程检查表”中指的全部工程缺陷的整修

C. 所用材料,设备或工艺不符合合同要求

D. 由于工程设施被盗窃或被损

(8)缺陷责任期监理的工作内容包括(　　)。

A. 检查承包人剩余工程计划　　B. 确定缺陷责任及维修费用

C. 检查已完工程　　D. 督促承包人按合同规定完成交工资料

E. 按程序签发《缺陷责任终止证书》

(9)监理工程师收到承包人递交的交工申请时，应确认工程满足(　　)的条件。

A. 承包人书面申请　　B. 工程确实完成　　C. 工程检验合格

D. 现场清理完毕　　E. 交工资料齐备

(10)竣工验收时，有关各方提交的工作报告应包括(　　)。(2005 年试题)

A. 设计工作报告　　B. 监理工作报告

C. 生产安全报告　　D. 项目执行报告

E. 质量监督工作报告及工程质量鉴定

F. 环境保护情况报告

(11)交工证书的类型有(　　)。

A. 合同工程的交工证书　　B. 部分工程的交工证书

C. 剩余工程的交工证书　　D. 临时工程和辅助工程的交工证书

(12)符合下列(　　)条件时，应及时向承包人签发全部工程的交工证书。

A. 合同范围内的全部工程已基本完成

B. 监理工程师收到承包人的交工申请报告

C. 经全面检查认为符合合同文件要求

D. 工程缺陷已经消除

(13)工程交工现场检查的内容有(　　)。

A. 交工工程的外观质量

B. 外形尺寸

C. 各类构造物及工程范围内所有现场清理情况

D. 详细记录检查中发现的工程缺陷

(14)缺陷责任期最终检查的内容包括以下(　　)方面。

A. 剩余工程及缺陷工程的完成情况　　B. 整个工程的使用情况

C. 工程财务的结算情况　　D. 合同纠纷的处理情况

(15)在工程交工检查小组和缺陷责任期工作检查小组中，关于承包人的定位是(　　)。

A. 正式成员　　B. 列席参加　　C. 特别顾问

D. 参加评审　　E. 提供服务　　F. 不介入

(16)缺陷责任终止证书的签字人包括(　　)。

A. 质监站代表　　B. 业主代表

C. 监理工程师代表　　D. 承包人代表

3. 判断题(对的打“✓”，错的打“×”)

(1)对于有一个以上交工日期的工程，缺陷责任期应从最后一个交工日期起算。　(　)

(2)签发《工程缺陷责任终止证书》前，根据承包人申请，按照合同的有关规定对全部工程付款。　(　)

(3)缺陷责任期长度都是一年。　(　)

(4)颁发《缺陷责任证书》后，承包人和业主之间的任何义务将失去效力。　(　)

(5)在工程缺陷责任期，如果发现已交工程的任何工程缺陷或工程质量不合格，若施工单位没有执行监理工程师的修复指示，建设单位有权安排修补缺陷，监理工程师应确定费用，并在支付承包人的款项中扣除。 ( )(2005 年试题)

(6)工程的任何主要部分已完成，能够独立交付使用，就可向承包人签发部分工程交工证书。 ( )

(7)无论检查小组是否同意签发工程交工证书，均应提交一份交工检查报告。 ( )

(8)交工证书和缺陷责任终止证书都要由业主、监理工程师、承包人三方的代表签字。 ( )

(9)工程质量缺陷的修复费用应由承包人承担。 ( )

(10)缺陷责任期一般为一年，起算日期以工程完成时的日期为准。 ( )

参考答案

1. 单选题

(1)C (2)D (3)A (4)D (5)B (6)D (7)D (8)A

2. 多选题

(1)ABCD (2)AC (3)ABCDE (4)ABCDE (5)ABDE
(6)CDEF (7)ABC (8)ABCDE (9)CD (10)BCDE
(11)AB (12)ABC (13)ABCD (14)AB (15)BE
(16)BCD

3. 判断题

(1)× (2)× (3)× (4)× (5)✓
(6)✓ (7)✓ (8)✓ (9)✓ (10)×

第九部分　工地会议、监理记录、报告和档案

一、知识要点

(1)记录应如何处理
(2)监理记录的类型:监理记录(7)和原始记录(2)
(3)工地会议的类型:第一次、工地(月例会)会议、现场协调
(4)第一次工地会议的召开事项:合同段
(5)高级驻地向总监提交监理报告的主要内容(8)10.2,10.3是指交竣工时的监理报告

二、重点复习题及参考答案

1. 单选题(将正确答案的序号填入括号内)

(1)(　)不是监理月报的内容。(2005年试题)

A. 工程描述　B. 监理收发函件
C. 工程质量、进度、支付状况　D. 监理工作执行情况

(2)《公路工程施工监理规范》明确的监理技术档案不包括(　)。(2005年试题)

A. 现场指令　B. 监理日报
C. 检查记录　D. 试验记录

(3)下列不属于第一次工地会议内容的是(　)。

A. 介绍人员及组织机构　B. 审议施工进度计划
C. 明确施工监理例行程序　D. 审议工程分包

(4)第一次工地会议,必须在(　)举行。

A. 合同签订后　B. 监理进场前　C. 工程开工前　E. 工程开工后

2. 多选题(将正确答案的序号填入括号内)

(1)工地会议的类型有(　)。

A. 听证会　B. 第一次工地会议　C. 月工地会议
D. 现场协调会　E. 动员表彰会

(2)监理人员的记录应(　)。

A. 及时交监理组保管　B. 及时整理
C. 及时交承包人签字　D. 监理人员自行保管即使调离

(3)监理管理资料系统,主要有(　)。

A. 监理月(季)报　B. 内部报告　C. 特别报告
D. 最后综合报告　E. 监理周报

(4)质量记录主要包括(　)。

A. 试验记录　B. 样品记录　C. 测量记录

D. 验收记录　　　　　　　　　　F. 工地会议记录

(5)第一次工地会议的参加者包括(　　)。(2005 年试题)

A. 业主　　　　　　　　　　B. 承包人　　　　　　　　　　C. 监理工程师

D. 项目部担任主要职务的部门负责人　　　　E. 一般分包人

3. 判断题(对的打"✓",错的打"×")

(1)第一次工地会议是监理工程师检查承包人的施工准备情况的一次会议。

(　)(2005 年试题)

(2)工地会议由建设单位主持。　(　)

4. 论述题

(1)记录主要包括哪几项?其重要性是什么?应该怎样保管?

(2)缺陷责任期监理的主要工作是什么?简述其内容。

参 考 答 案

1. 单选题

(1)B　(2)B　(3)D　(4)C

2. 多选题

(1)BCD　(2)AB　(3)ABCD　(4)ABCD　(5)ABCD

3. 判断题

(1)×　(2)×

4. 论述题

(1)答:质量记录主要包括:试验记录、样品记录,测量记录、验收记录。

重要性:①是工序开工、停工、返工、验收的依据;②是计量支付的证明;③是工程交工的依据和证明;④是缺陷修补的重要参考;⑤是处理合同纠纷的证明;⑥是监理工作的具体体现。

质量记录应编号分类归档保存

(2)答:①检查承包人剩余工程计划,并及时要求调整;

②检查已完工程,并对交接时存在的缺陷和签发交工证书之后发生的工程缺陷进行记录,并指示承包人修复;

③确定缺陷责任及修复费用,对非承包人引起的缺陷作出修复费用评估,向业主签发费用追加证明;

④督促承包人按合同规定完成交工资料,并根据剩余工程配备监理人员,完成缺陷责任期监理工作。

第十部分　监理单位的选择

一、施工监理选择和监理招标与投标

1. 监理单位的选择是业主通过招标、聘请、委托方式来确定。

2. 招标有：公开、邀请、议标。

【例题】

(1)监理单位的选择方式包括(BD)。

A. 由政府进行招投标来择优选择　　B. 由建设单位进行招投标来择优选择

C. 由质检站直接委托　　D. 由建设单位直接委托

(2)选定监理单位，择优的首要条件有（ADE)。

A. 技术水平　　B. 标价高低

C. 人员组成　　D. 社会信誉

E. 管理水平

(3)各种等级的监理单位所能承担的工程类型正确的有(AE)。

A. 甲级可以监理高速公路　　B. 乙级可以监理一级公路

C. 丙级可以监理二级公路　　D. 丁级可以监理三级公路

E. 甲级可以监理各级公路

(4)公路工程施工监理招标的方式有(ABC)。

A. 公开招标　　B. 邀请招标

C. 议标　　D. 直接委托

(5)对监理单位的技术评价，通常有以下三方面的内容(ABD)。

A. 经验如何　　B. 技术方案适宜感

C. 在工程所在地的经历和语言掌握情况　　D. 被提名人员的资格和能力

(6)资格预审程序正确的是(C)。

A. 投标单位提交资格预审申请，购买资格预审文件

B. 准备资格预审文件，发布参加资格预审通告，邀请投标单位参加资格预审

C. 招标单位进行资格评审，写出资格评审报告，业主在此基础上确定招标单位名单

D. 招标单位填写和提高资格预审有关材料

(7)世界银行在进行监理评标采用参考费用的综合评价时，需考虑(BCEF)几方面的问题。

A. 工程监理任务的危险性　　B. 工程监理对工程最终质量的影响

C. 应邀提出监理技术方案的可比性　　D. 工程监理单位的名气

E. 工程监理任务的复杂性　　F. 监理报价

(8)公路、桥隧甲组监理单位的监理业绩是承担过(A)项以上一类的公路桥隧工程的施工监理。

A. 2　　B. 3

C. 4　　D. 5

(9)总监理工程师或高级驻地监理工程师应当具有从事路桥建设(C)年以上的经历,具有路桥专业或土木工程专业高级技术职称,持有监理工程师证书,从事监理工作满(C)年以上。

A. 10,5　　B. 15,5

C. 10,2　　D. 15,2

(10)公路工程施工监理招标可采取下列方式(ABC)。

A. 公开招标　　B. 邀请招标

C. 议标　　D. 直接委托

(11)以下桥梁工程属于一类监理等级的有(ACD)。

A. $3\times30+90+200+90+2\times30$　　B. 16×50

C. 20×50　　D. $2\times40+180+360+180$

(12)总监理工程师是指同时具备(ABC)条件的人。

A. 高级专业技术职称　　B. 2 年以上监理经历

C. 10 年以上专业经历　　D. 中级以上技术职称

(13)下列各类单位中,合法从事监理业务活动的是(CE)。

A. 具有法人资格的工程咨询单位　　B. 具有法人资格的工程设计单位

C. 具有法人资格工程监理单位　　D. 质量监理站

E. 具有法人资格,取得监理资质证书的科研单位

(14)国际咨询工程师联合会(FIDIC)所规定的道德行为准则除了“社会和职业责任”之外,还包括以下几方面要求(BCD)。

A. 独立性　　B. 能力

C. 正直性　　D. 公正性

E. 对他人的公正

(15)根据项目法人责任制在实施工程建设监理的工程项目中业主应当负责完成(BCD)工作。

A. 组织编写工程招标文件、投标资格预审、开标、评标

B. 选择确定设计、施工单位

C. 确定工程项目投资、进度、质量总目标

D. 筹集项目所需资金

E. 实施目标控制

(16)对监理单位的技术评价,通常有以下三方面的内容(ABD)。

A. 经验如何　　B. 技术方案适宜感

C. 在工程所在地的经历和语言掌握情况　　D. 被提名人员的资格和能力

(17)公路工程施工监理招标的方式有(ABC)。

A. 公开招标　　B. 邀请招标

C. 议标　　D. 直接委托

(18)在采用邀请招标方式选择公路工程监理单位时，邀请的监理投标单位最少不得少于(　)家。(2004 年试题)

A.3　　B.4

C.5　　D.8

(19)在考虑费用的监理评标中，工程越复杂，越重要，则费用在评标中占有的权重应越大。(×)

(20)《公路工程施工监理招标评标办法》规定：国内项目工程监理投标价高于概算定额建安工程费的1.4%，其投标无效。(×)(2005 年试题)

(21)工程监理单位可以委托其他单位或个人以本单位的名义承担工程监理业务。(×)

二、监理技术建议和财务建议书

【例题】

构成施工监理服务费的项目包括(BDE)

A.各项投入　　B.监理人员服务费

C.设备设施维护使用费　　D.税金

E.合理利润

三、监理合同

【例题】

(1)《公路工程施工监理合同范本》包括以下(ABDEF)部份。

A.合同协议书　　B.合同通用条件

C.监理职务的形式范围内容　　D.合同专用条件

E.业主提供的监理工作条件　　F.监理服务的费用与支付

(2)我国《公路工程施工监理合同范本》由(ABEF)组成。(2004 年试题)

A.合同协议书　　B.合同通用条款

C.合同所列的技术标准　　D.合同所定的监理职责及业主授权

E.合同专用条款　　F.附件

(3)公路工程施工监理合同协议书附件由以下内容(ABD)组成。(2005 年试题)

A.监理服务形式、范围、内容　　B.业主提供的监理工作条件

C.监理人员的数量、结构　　D.监理费与支付

(4)在监理工程中，由于监理的过失而造成了损失，监理单位应赔偿整个损失。(×)

(5)在监理工程中，由于监理的过失而造成了损失，监理单位应赔偿整个损失。(×)

附录1 复习题及参考答案

1. 在工程施工中,如何正确对待进度、质量、费用三大目标的辩证关系?

答:略。

2. 简述作为合格的监理工程师应具备哪些条件。

答:五方面(见《监理概论》):

(1)有一个完整的知识结构,掌握工程技术、经济、管理和法律等方面的知识;

(2)有丰富的工程实践的经验;

(3)有较强的组织协调能力;

(4)有良好的职业道德;

(5)对于世行贷款项目与涉外工程,还应具有专业外语知识和涉外工作经验。

3. 什么叫做施工监理?简述其任务和性质?

答:(见《监理概论》)。

公路工程监理在施工阶段进行称为施工监理。任务:三大目标监控,两大管理,以及协调工作;性质:服务性、独立性、公正性、科学性。

4. 工程监理的独立性和公正性体现在哪些方面?二者的关系如何?

答:(见《监理概论》)。

独立性表现在:组织关系独立、经济关系独立和业务关系独立。

公正性表现在;监理是处于公正、独立的第三者,因此它必须要公正的来协调各方关系与处理各种合同事宜,以保护合同双方的合法利益。

两者关系:独立性是公正性的前提条件,要做到公正,必须首先要保持独立性。

5. 为了保证工程质量,监理工程师在监理中应当坚持做到哪几个不准?

答:质量监理中应坚持"四不准":

(1)人力材料、机械设备准备不足不准开工;

(2)未经检查认可的材料不准使用;

(3)施工工艺未经批准,施工中不准采用;

(4)前道工序未经验收,后道工序不准进行。

6. 针对自检体系的建立,监理工程师该做哪些工作?

答:(1)检查配备的自检人员的质量与数量是否合格与足够;

(2)检查仪器设备的质量是否良好,数量、备件是否足够,类型与品名种是否与工程特点相适应;

(3)帮助承包人自检体系建立规范化、标准化的工作方法与工作制度;

(4)在工程实施过程中要定期地不断地检查自检系统各方面的情况,以满足工程项目自检的要求。

7. 简述组织机构设置的基本原则。

答：略（见《监理概论》）。

（1）目的性的原则；

（2）管理跨度原则；

（3）集权与分权相结合的原则；

（4）职责权利相对应的原则。

8. 简述业主与监理的合理分工。

答：略（见《监理概论》）。

9. 什么叫主动控制与被动控制？为什么说监理工程师应当合理使用这两种控制方法才能做好监理工作？

答：略（见《监理概论》）。

10. 在施工准备阶段，监理工程师应做哪些工作？

答：在正式开工前应熟悉合同文件的内容，了解现场用地占有权和使用权的解决情况，核查设计图纸，复核定线数据，制订监理程序，审查承包人的工程总进度计划、现金流动估算、临时用地计划，审查承包人自检系统，落实承包人的材料来源等。

11. 如何理解社会监理的公正性？

答：在实施监理的过程中，监理单位是处于工程承包合同签约双方，即建设单位和施工单位之间的独立一方，依法行使签订的监理委托合同所确认的职权，承担相应的职业道德责任和法律责任。而不是以建设单位的名义，即不是作为建设单位的"代表"行使职权，否则它在法律上变成了从属于建设单位一方，而失去了自身的独立地位，从而也就失去了调解建设单位和工程承包单位利益纠纷的合法资格。当然，监理也不得参与承包单位工程造价承包的盈利分配，否则，它又变成了承包单位经营的合作者，丧失了自己的独立地位。

12. 工程合理延期是否均能获得监理工程批准？为什么？

答：略。

13. 为什么要编制监理技术方案？它有哪些作用？

答：监理技术方案是针对某一具体工程项目的监理工作而编制的。用来全面、详细地规划监理工作，作为工程监理的具体指导思想的体现，为正确监控三大目标服务的。

其作用有：

（1）它是指导监理全过程的重要文件，使监理工作规范化、标准化，防止随意性；

（2）它反映了监理工作中"三控制、两管理"的工作流程；

（3）它是监理投标文件与监理合同的组成部分。

14. 工地会议有哪三种形式？各种形式会议要达到的目的是什么？

答：第一次工地会议的目的，在于监理工程师对工程开工前的各项准备工作进行全面的检查，确保工程实施有一个良好的开端。

工地会议（例会）的目的，在于监理工程师对工程实施过程中的进度、费用、质量的执行情况进行全面检查，为正确决策提供依据，确保工程顺利进行。

现场协调会的目的，在于监理工程师对日常或经常性的施工活动进行检查、协调和落实，使监理工作和施工活动密切配合。

15. 世行监理评标办法中，对监理单位的技术建议书，通常依据哪些内容进行评价？

答：依据下列三方面内容进行评价：

（1）在工程监理任务所涉及的领域中，该监理工程师（单位）的一般经验如何。

(2)所提出的监理技术方案是否适宜,监理技术方案中提出的工程监理方法、措施是否能满足建设单位对监理工程(单位)的要求。

(3)被提名承担该工程监理任务人员的资格和能力。

16.工程监理模式与传统的旧管理模式相比有哪些优点?简要说明在我国推行工程监理制度的必要性。

答:略。

17.简述工程项目风险的定义及风险管理的步骤。

答:略。

18.简述监理单位违反《建设工程安全生产管理条例》的规定的法律责任。

答:违反本条例的规定,工程监理单位有下列行为之一的,责令限期改正;逾期未改正的,责令停业整顿,并处10万元以上30万元以下的罚款;情节严重的,降低资质等级,直至吊销资质证书;造成重大安全事故,构成犯罪的,对直接责任人员,依照刑法有关规定追究刑事责任;造成损失的,依法承担赔偿责任:

(1)未对施工组织设计中的安全技术措施或者专项施工方案进行审查的;

(2)发现安全事故隐患未及时要求施工单位整改或者暂时停止施工的;

(3)施工单位拒不整改或者不停止施工,未及时向有关主管部门报告的;

(4)未依照法律、法规和工程建设强制性标准实施监理的。

19.施工图设计文件审查的主要内容包括哪些?

答:(1)是否采纳工程可行性研究报告、初步设计批复意见;

(2)是否符合公路工程强制性标准、有关技术规范和规程要求;

(3)施工图设计文件是否齐全,是否达到规定的技术深度要求;

(4)工程结构设计是否符合安全和稳定性要求。

20.简述公路工程质量保证体系。

答:公路工程实行政府监督、法人管理、社会监理、企业自检的质量保证体系。

交通主管部门及其所属的质量监督机构对工程质量负监督责任;

项目法人对工程质量负管理责任;

勘察设计单位对勘察设计质量负责;

施工单位对施工质量负责;

监理单位对工程质量负现场管理责任;

试验检测单位对试验检测结果负责;

其他从业单位和从业人员按照有关规定对其产品或者服务质量负相应责任。

21.公路工程竣(交)工验收的依据是什么?

答:(1)批准的工程可行性研究报告;

(2)批准的工程初步设计、施工图设计及变更设计文件;

(3)批准的招标文件及合同文本;

(4)行政主管部门的有关批复、批示文件;

(5)交通部颁布的公路工程技术标准、规范、规程及国家有关部门的相关规定。

22.公路工程(合同段)进行交工验收应具备哪些条件?

答:(1)合同约定的各项内容已完成;

(2)施工单位按交通部制定的《公路工程质量检验评定标准》及相关规定的要求对工程质

量自检合格；

(3)监理工程师对工程质量的评定合格；

(4)质量监督机构按交通部规定的公路工程质量鉴定办法对工程质量进行检测(必要时可委托有相应资质的检测机构承担检测任务)，并出具检测意见；

(5)竣工文件已按交通部规定的内容编制完成；

(6)施工单位、监理单位已完成本合同段的工作总结。

23. 公路工程进行竣工验收应具备哪些条件？

答：(1)通车试运营2年后；

(2)交工验收提出的工程质量缺陷等遗留问题已处理完毕，并经项目法人验收合格；

(3)工程决算已按交通部规定的办法编制完成，竣工决算已经审计，并经交通主管部门或其授权单位认定；

(4)竣工文件已按交通部规定的内容完成；

(5)对需进行档案、环保等单项验收的项目，已经有关部门验收合格；

(6)各参建单位已按交通部规定的内容完成各自的工作报告；

(7)质量监督机构已按交通部规定的公路工程质量鉴定办法对工程质量检测鉴定合格，并形成工程质量鉴定报告。

24. 公路工程监理业务分级标准是什么？

答：见附录表1-1。

附录表1-1

	一类	二类	三类
1. 公路工程	高速公路	高速公路路基工程及一级公路	一级公路路基工程及二级以下各级公路
2. 桥梁工程	特大桥	大桥、中桥	小桥、涵洞
3. 隧道工程	特长隧道、长隧道	中隧道	短隧道

25. 简述公路工程质量事故的分类及其分级标准。

答：公路工程质量事故分质量问题、一般质量事故及重大质量事故三类。

(1)质量问题：质量较差、造成直接经济损失(包括修复费用)在20万元以下。

(2)一般质量事故：质量低劣或达不到合格标准，需加固补强，直接经济损失(包括修复费用)在20万元至300万元之间的事故。一般质量事故分三个等级：

①一级一般质量事故：直接经济损失在150~300万元之间；

②二级一般质量事故：直接经济损失在50~150万元之间；

③三级一般质量事故；直接经济损失在20~50万元之间；

(3)重大质量事故：由于责任过失造成工程倒塌、报废和造成人身伤亡或者重大经济损失的事故。重大质量事故分为三个等级：

①具备下列条件之一者为一级重大质量事故：

a. 死亡30人以上；

b. 直接经济损失1000万元以上；

c. 特大型桥梁主体结构垮塌。

②具备下列条件之一者为二级重大质量事故：

a. 死亡 10 人以上，29 人以下；

b. 直接经济损失 500 万元以上，不满 1000 万元；

c. 大型桥梁主体结构垮塌。

③具备下列条件之一者为三级重大质量事故：

a. 死亡 1 人以上，9 人以下；

b. 直接经济损失 300 万元以上，不满 500 万元；

c. 中小型桥梁主体结构垮塌。

26. 试述修筑底基层试验路段的目的。

答：略（见《工程质量监理》）。

27. 简述水泥混凝土路面施工主要工序质量控制的监理工作内容。

答：略（见《工程质量监理》）。

28. 试述监理工程师进行质量事故的处理方法。

答：略（见《工程质量监理》）。

29. 预应力张拉中，出现哪些情况时张拉设备应重新进行校验？

答：略（见《工程质量监理》）。

30. 在填方路基施工过程中进行质量监理重点检查哪几个方面？

答：略（见《工程质量监理》）。

31. 试述基层试验路的试验内容、项目及要达到的目的。

答：略（见《工程质量监理》）。

32. 简述桥梁施工中对支架及模板的基本要求。

答：略（见《工程质量监理》）。

33. 什么叫缺陷责任期？它从什么时候开始？一般延续多长？

答：略（见《工程质量监理》）。

34. 监理中心试验室工作任务有哪几个方面？

答：略（见《监理概论》、《工程质量监理》）。

35. 质量监理可分为哪些阶段？任选一阶段说明质量监理的具体内容。

答：略（见《监理概论》、《工程质量监理》）。

36. 如何评定土基压实质量？试述其过程及方法。

答：略（见《工程质量监理》）。

37. 钻孔灌注桩成孔后，灌注前和灌注过程中，监理要做哪些检查和记录？

答：略（见《工程质量监理》）。

38. 工程费用成本分析的内容包括那几个方面？分析的具体内容是什么？分析方法有哪些？

答：略（见《工程费用监理》）。

39. 简述工程量清单及其作用。

答：略（见《工程费用监理》）。

40. 简述工程计量工作的必要性。

答:(1)只有通过准确的计量工作才能获得准确的实际工程量。

(2)计量是监理工程师控制工程质量与进度的重要手段,确保监理工作的顺利开展。

(3)在单价合同中,计量是支付的基础,是确保业主与承包人双方实现公平交易的关键。

41. 简述监理工程师在工程费用监理中职责与权力。

答:略(见《工程费用监理》)。

42. 为什么说计量和支付是监理工程师的重要控制手段?

答:监理工程师在工程监理中,制约承包人施工行为有三个基本手段或三个环节,即质量监理中的质量否决权,计量过程中的计量权以及工程费用的审核与签认权,只有通过了质量监理环节的合格工程量才能被计量,也只有质量合格的工程才能被监理签认其价值。因此,计量和支付是制约承包人严格遵守合同,准确地按设计图纸进行施工的两个手段。

43. 工程支付工作的原则是什么?

答:略。

44. 在工程费用监理中,监理工程师所支付的费用有几类?各有哪些支付项目?

答:略。

45. 材料预付款的支付是如何规定的?支付时应注意哪些事项?

答:略。

46. 按时间和金额计算扣回动员预付款的特点各是什么?

答:略。

47. 监理工程师处理费用索赔的一般步骤是什么?

答:略。

48. 期中支付证书与最终支付证书有何区别?

答:略。

49. 中期支付审定和签发分别应注意哪几个方面?

答:略。

50. 根据 FLDIC 合同条件变更工程的单价按什么原则确定?

答:略。

51. 简述监理工程师在进度监理中的主要职责。

答:略。

52. 监理工程师审核承包人的工程进度计划时应注意哪些事项?

答:略(见《工程进度监理》)。

53. 什么叫实际进度前锋线?它有什么作用?

答:略(见《工程进度监理》)。

54. 简述网络进度计划调整的目的及方法。

答:略(见《工程进度监理》)。

55. 简述总时差、局部时差的定义,并指出二者的区别。

答:略(见《工程进度监理》)。

56. 监理工程师如何处理承包商的工程施工进度延误？

答:略

57. 预应力钢（钢丝束、钢绞线）张拉施工前，应遵守哪些规定？

答:略

58. 路基施工中，在垂直边坡的沟槽推土机如何作业？

答:略

59. 桥梁吊装时，遇到什么情况，现场指挥人员必须在构件妥善处理后，暂时停止吊装作业？

答:略。

60. 人工挖孔桩，除应经常检查孔内的气体情况外，并应遵守哪些规定？

答:略。

附录2　模拟试题及参考答案

一、单选题（每题1分,共10分）

1. 在铺筑热拌沥青混合料面层试验路段之前(　)天,承包人应安装好与本项工程有关的全部试验仪器和设备,配备足够数量的熟练试验技术人员,报监理工程师审查批准。

A. 7　　B. 14　　C. 28　　D. 56

2. 路面基层摊铺时混合料的含水量宜高于最佳含水量(　),以补偿摊铺及碾压过程中的水分损失。

A. 0.5% ~1.0%　　B. 1.0% ~1.5%　　C. 1.5% ~2.0%　　D. 2.0% ~2.5%

3. 在进行现场压实质量的评定时,施工单位的自检人员的检测频率为 $2000m^2$ 检验(　)点。

A. 2　　B. 4　　C. 6　　D. 8

4. 盖板涵及箱涵台背填土必须在支撑梁(或涵底铺砌)及盖板安装且砂浆强度达到(　)以后方可进行。

A. 70%　　B. 80%　　C. 90%　　D. 100%

5. 工期、质量、费用三者的关系为(　)。

A. $T=T_A, Q>Q_A, C<C_A$　　B. $T>T_A, Q<Q_A, C>C_A$

C. $T>T_A, Q>Q_A, C>C_A$　　D. $T<T_A, Q>Q_A, C>C_A$

6. 承包人开挖基坑的范围超过了合同技术规范规定的超挖上限,虽然没有变更令,监理工程师(　)。

A. 可以根据实际情况对超挖部分予以计量　　B. 对超过上限部分不予计量

C. 与承包人协商处理

7. 某灌注桩清孔后沉积层仍超过厚度,二次清孔后,孔深增加,浇筑后的实际桩长比设计桩长增1.3m。承包人要求对增加的混凝土量给予计量。监理工程师认为(　)。

A. 不予计量　　B. 对承载力有好处,不予计量

C. 计量所增混凝土量的一半

8. 工程量清单上路基清表工程量是按平均20cm厚度估算的,开工后,承包人提出对于超过20cm厚度的清表工作应予计量,以保证清表质量,监理工程师认定(　)。

A. 不予计量　　B. 为确保工程质量可予计量

C. 安排承包人与业主协商解决

9. 承包人连续3个月的期中支付额均达到了合同规定的进度付款额,但其中运行现场的材料和设备(用于永久工程的)按比例支付的款额占了每次的期中付款的一半以上,监理工程师认为(　)。

A. 只要阶段付款符合合同要求，监理工程师就没有失职

B. 应该采取措施，促进永久工程的形象

C. 合同中规定的期中支付款额是进度的反映

10. A 工序的 $EF_A = 20$ 天表示(　)。

A. A 工作最早可以在第 20 天结束时结束

B. A 工作最迟可以在第 20 天结束时结束

C. A 工作的自由时差为 20 天

D. A 工作的总时差为 20 天

二、多选题 (每题 1 分，共 40 分)

1. 质量监理的依据是(　)。

A. 合同条件　　B. 合同图纸

C. 技术规范　　D. 质量标准

2. 现场监理机构有(　)种类型。

A. 一级监理机构　　B. 二级监理机构

C. 三级监理机构　　D. 总监理工程师办公室

E. 高级驻地监理办公室　　F. 项目监理部

3. 质量控制中比较常用而有效的统计方法有(　)。

A. 频数分布直方图法　　B. 排列图法

C. 因果分析图法　　D. 控制图法

E. 分层法　　F. 相关图法

G. 统计调查分析法

4. 影响压实效果的主要因素有(　)。

A. 含水量　　B. 土类

C. 压实功能　　D. 压实土层厚度

5. 公路工程环保监理的依据(　)。

A. 项目的环境影响评价报告书　　B. 项目的环境行动计划

C. 国家有关资源环境保护法规　　D. 国家有关文物保护法规

E. 国家有关环境质量保护法规　　F. 地方有关环境质量保护法规

6. 环保监理主要有以下(　)主要环节。

A. 施工期环境保护措施报告表　　B. 施工期环保措施实施情况的核查

C. 施工现场环境监测　　D. 施工工艺监测

7. 基层施工前，监理工程师应检查的内容有(　)。

A. 施工机械设备

B. 混合料拌和场的位置、拌和设备以及运输车辆能否满足质量要求及连续施工的要求

C. 路用原材料

D. 混合料配合比设计试验报告

E. 试验路段施工与总结报告

8. 基层(底基层)混合料的试验项目有(　)。

A. 重型击实试验　　B. 承载比

C. 抗压强度　　D. 耐久性

E. 筛分试验

9. 沥青混合料组成设计的目标(　)。

A. 高温稳定性　　B. 低温抗裂性

C. 耐久性　　D. 抗滑性

E. 抗疲劳性　　F. 针入度

10. 缺陷责任期监理的工作内容(　)。

A. 检查承包人剩余工程计划　　B. 检查已完工程

C. 确定缺陷责任及维修费用　　D. 督促承包人按合同规定完成交工资料

E. 按程序签发《缺陷责任终止证书》

11. 随机抽样的方法有(　)。

A. 单纯随机抽样　　B. 系统抽样

C. 分层抽样　　D. 间隔定量法

12. 对路面的基本要求有(　)。

A. 强度和刚度　　B. 稳定性

C. 耐久性　　D. 表面性能

E. 平整度　　F. 抗滑性。

13. 基层结构的稳定性,包括(　)。

A. 水温稳定性　　B. 高温稳定性

C. 温度稳定性　　D. 低温抗裂性

14. 桥梁的基本组成有(　)。

A. 桥跨结构　　B. 桥墩和桥台

C. 支座　　D. 桥面

15. 桥梁明挖基础的分类有(　)。

A. 刚性扩大基础　　B. 单独或联合基础

C. 条形基础　　D. 片筏和箱形基础

16. 隧道分项工程划分为(　)。

A. 洞口工程　　B. 洞身工程

C. 防水与排水工程　　D. 附属设施工程

17. 应注意临时设施(　)的环保要求。

A. 供水　　B. 生活污水

C. 垃圾处理　　D. 控制扬尘

E. 噪声控制

18. 监理工程师收到承包人递交的交工申请时,应确认工程满足(　)。

A. 承包人书面申请　　B. 工程确实完成

C. 工程检验合格　　D. 现场清理完毕

E. 交工资料齐备

19. 混凝土路面施工时,监理工程师应注意(　)等接缝的处理。

A. 横向施工缝　　B. 横向缩缝

C. 横向胀缝　　D. 纵向缩缝

E. 纵向施工缝

20. 从路面力学特性出发，一般把路面分为(　　)结构类型。

A. 沥青路面　　B. 柔性路面

C. 混凝土路面　　D. 刚性路面

21. 组织设计的原则有(　　)。

A. 目的性原则　　B. 有效管理跨度原则

C. 集权与分权相结合原则　　D. 责、权、力、效、利相匹配的原则

22. 工程监理的主要内容有(　　)。

A. 工程质量监理　　B. 工程进度监理

C. 工程费用监理　　D. 合同管理

E. 信息管理

23. 公路工程施工质量监理的主要方法有(　　)。

A. 旁站　　B. 测量

C. 试验　　D. 指令文件

E. 抽查　　F. 工序控制

24. FIDIC 费用管理的特点有(　　)。

A. 承包人申请、使用　　B. 监理工程师签认

C. 业主支付　　D. 通过银行付款

25. 经济分析的基本方法有(　　)。

A. 现值法　　B. 年值法

C. 内部收益率　　D. 投资回收期法

E. 经验分析法

26. 现场经费包括(　　)。

A. 施工技术装备费　　B. 临时设施费

C. 施工机构迁移费　　D. 现场管理费

27. 工程计量的依据有(　　)。

A. 质量合格证书　　B. 工程量清单前言和技术规范

C. 设计图纸　　D. 工作指令

28. 施工组织的基本方法有(　　)。

A. 顺序作业法　　B. 平行作业法

C. 流水作业法　　D. 立体交叉法

29. 流水作业参数有(　　)。

A. 空间参数　　B. 工艺参数

C. 时间参数　　D. 分段参数

30. 进度监理的基本方法有(　　)。

A. 横道图法　　B. S 曲线法

C. 斜条图法　　D. 网络计划图法

E. 计划评审法

31. 公路施工过程的组织原则为(　　)。

A. 连续性　　B. 均衡性

C. 协调性　　D. 经济性

32. 搭接网络计划的基本时距有(　)。

A. EF　　B. STS　　C. FTS　　D. ES

E. FTF　　F. STF　　G. LF　　H. LS

33. 网络计划优化内容包括(　)。

A. 时间优化　　B. 时间—费用优化

C. 资源优化　　D. 施工管理组织优化

34. 网络计划按工序持续时间的表示方法分为(　)。

A. 关键型网络计划　　B. 非关键型网络计划

C. 肯定型网络计划　　D. 非肯定型网络计划

35. 用网络图进度计划下达执行的方式一般有(　)。

A. 新横道图　　B. 新斜条图

C. 新进度管理曲线图　　D. 时标网络图

36. 实际进度前锋点的标定方法有(　)。

A. 按已完成的实际工程量来标定　　B. 按已计量支付的工程量来标定

C. 按尚需时间来标定　　D 按已用去的时间来标定

37. 网络计划资源优化的目标有(　)。

A. 资源有限使工期最短　　B. 资源有限使质量最好

C. 工期最短资源使用最少　　D. 工期规定使资源均衡

38. 监理系统包含(　)。

A. 监理主体　　B. 监理对象

C. 目标　　D. 调节功能

E. 信息反馈

39. 按支付的内容分，工程费用支付可分为(　)。

A. 清单支付　　B. 合同支付

C. 动员预付款支付　　D. 材料预付款支付

40. 价格调整的方法有(　)。

A. 基价指数法　　B. 物价指数法

C. 票证法　　D. 公式法

三、判断题 (每题 1 分，共 10 分)

1. 混凝土路面施工过程中，如果试件的试验结果表明 28 天混凝土强度达不到规定强度时，监理工程师就可认为承包人该段混凝土施工质量不合格。(　)

2. 在桥墩、支柱或桥台混凝土未达到图纸规定强度或设计等级时，在经监理工程师许可后，可架设预制构件。(　)

3. 进度管理曲线指出了施工管理过程中的偏差，它呈 S 曲线形。(　)

4. 工序的总时差是指在不影响任何一项紧前工作的最迟必须开始时间的条件下，工作所拥有的最大机动时间。(　)

5. FIDIC 通用条款第 46 条规定，承包人加快工程进度以及夜间或公认的休息日加班，必须取得监理工程师的同意，由此引起的附加费用由业主负担。(　)

6. 判断附录图 2-1 的正确与否。（　）

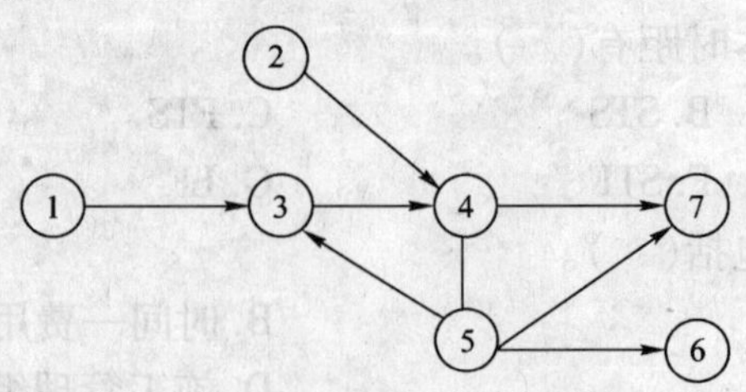

附录图　2-1

7. 如果承包人在延期事件发生后规定时间内未提交延期申请，则监理工程师可以不作出任何延期的决定。（　）

8. 编制工程量清单时采用的计算方法将继续用于实际工程计量。（　）

9. 工程单价就是基础单价。（　）

10. 延迟付款利息是对业主支付的一种约束。（　）

四、综合问答题（每题 15 分，共 30 分）

1. 某高速公路施工中，工地试验室对某路段路基施工压实度抽样检测结果如下：96.57、95.38、96.52、93.54、94.58、96.10、97.21、95.62、95.77、95.94。

(1)试求此组数据下列的统计特征量：①算求平均值；②中位数；③极差；④标准差；⑤变异系数。

(2)质量控制按什么样的程序进行？

2. 计算附录图 2-2 工作时间参数、总时差、自由时差，确定总工期（天）和关键线路。并简要说明监理工程师审核承包人工程进度计划时应注意哪些事项。

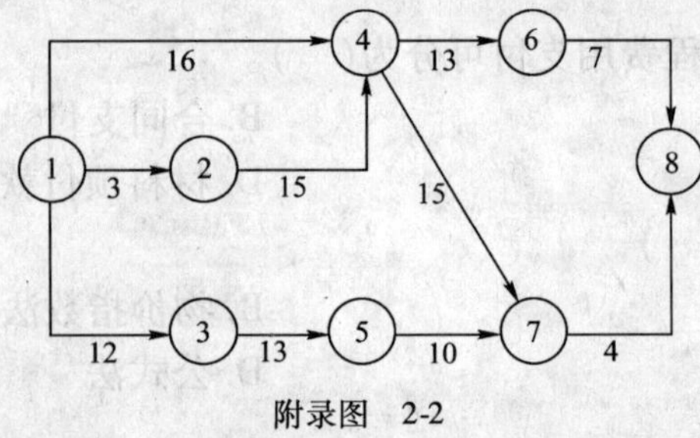

附录图　2-2

参 考 答 案

一、单选题

1. C　2. A　3. D　4. A　5. C　6. B　7. A　8. A　9. B　10. A

二、多选题

1. ABCD　2. ABC　3. ABCDEFG　4. ABCD　5. ABCDEF

6. ABC　7. ABCDE　8. ABCD　9. ABCDE　10. ABCDE

11. ABC	12. ABCD	13. AC	14. ABC	15. ABCD
16. ABCD	17. ABCDE	18. ABCDE	19. ABCDE	20. BD
21. ABCD	22. ABCDE	23. ABCDEF	24. ABC	25. ABCD
26. BD	27. ABC	28. ABC	29. ABC	30. ABCD
31. ABCD	32. BCEF	33. ABC	34. CD	35. AD
36. AC	37. AD	38. ABCDE	39. AB	40. CD

三、判断题

1. × 2. × 3. × 4. × 5. × 6. × 7. ✓ 8. ✓ 9. × 10. ✓

四、综合问答题

1. 解：

(1)整理数据，按大小顺序排列：

97.21、96.57、96.52、96.10、95.94、95.77、95.62、95.38、94.58、93.54

①算术平均值

$x=(97.32+96.57+96.52+96.10+95.94+95.77+95.62+95.38+94.58+93.54)/10$

$=95.74$

②中位数$\overline{f_B}$

$$\overline{f_B}=\frac{1}{2}(x_{\frac{n}{2}}+x_{\frac{n}{2}+1})=\frac{95.94+95.77}{2}=95.86$$

③极差 R

由上列数据可知，$R=97.32-93.54=3.78$

④标准差 S

附录表 2-1

$x-\bar{x}$	$(x-\bar{x})^2$
1.58	2.50
0.83	0.68
0.78	0.61
0.36	0.13
0.20	0.04
0.03	0.00
-0.12	0.01
-0.36	0.13
-2.2	4.84
	Σ8.94

$$S=\sqrt{\frac{\sum_{x=1}^{10}(x-\bar{x})^2}{n-1}}=\sqrt{\frac{8.94}{9}}=0.99$$

⑤变异系数 C

$$C=\frac{S}{x}\times100\%=\frac{0.99}{95.74}\times100\%=1.03\%$$

(2)质量控制按如下程序进行：

①开工报告；

②工序自检报告；

③工序检查认可；

④中间交工报告；

⑤中间交工证书；

⑥中间计量。

2. 解：

(1)关键线路为附录图 2-3 双箭号线所示。

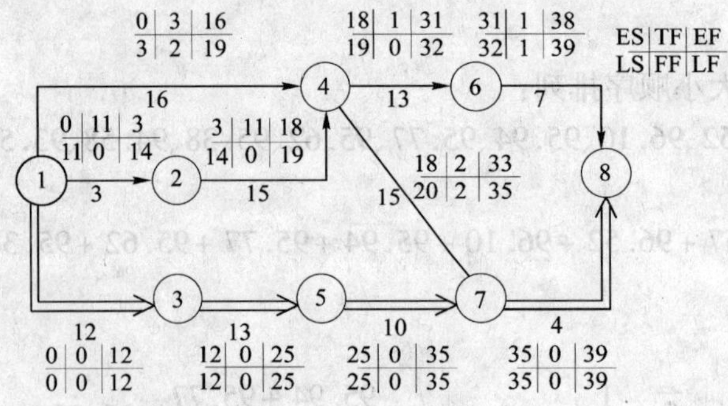

附录图 2-3

(2)应注意以下事项：

①工期和施工时间安排：总工期与合同工期相符；施工顺序符合工艺要求，易受气候、季节影响的工作应避免安排在不适宜的时间内施工；承包人的计划与业主提供土地使用权的时间或其他分包人的计划时间是否协调。

②调查承包人实现总进度计划的能力：施工是否安排过紧，机械设备进场准备情况，计划中关键线路的合理性，与施工有关的准备工作。

附录3　2003年公路工程监理工程师执业资格考试（试点）《监理理论》试卷及参考答案

一、单选题（下列各题中，只有一个备选项最符合题意，请将该备选项的代号填入括号中，选错或不选不得分，每题1分，共10分）

1. 如果某项工作拖延的时间超过其局部时差但没有超过总时差，则(　)。

A. 其紧后工作不能按最早时间开工　　B. 会影响工程总工期

C. 该项工作会变成关键工作　　D. 对后续工作工期及总工期无影响

2. (　)是一项由业主提供给承包人用作开工费用的无息贷款。

A. 暂定金　　B. 动员预付款

C. 保留金　　D. 计日工

3. 承包人开挖基坑的范围超过了合同技术规范规定的超挖上限，虽然没有变更令，监理工程师(　)。

A. 可以根据实际情况对超挖部分予以计量基础

B. 对超过上限部分不予计量

C. 承包人协商处理

4. 在公路工程监理过程中，承包人应当按照(　)的规定接受监理。

A. 施工合同文件　　B. 公路工程监理合同

C. 监理单位给被监理单位的书面通知　　D. 项目法人给被监理单位的书面通知

5. 工序检查时，前道工序未(　)，后道工序不得进行。

A. 实施　　B. 完成

C. 经检查认可　　D. 计量支付

6. 能够反映施工工序在施工中的机动时间的进度计划图是(　)。

A. 横道图　　B. 斜道图

C. S形曲线　　D. 网络图

7. 下列说法正确的是(　)。

A. 费用支付是需要进行工程计量的最关键手段

B. 费用支付是需要进行工程计量的最关键方法

C. 费用支付是需要进行工程计量的最关键原因

D. 费用支付是需要进行工程计量的最关键途径

8. 监理工程师办公室各专业部门负责人及驻地监理工程师等中级专业监理人员，一般应占监理总人数的(　)。

A. 10%以内　　B. 40%

C. 10%以上　　D. 70%

9. 工地会议的主持人是(　)。

A. 业主代表　　B. 监理工程师

C. 承包人项目经理　　D. 行政主管部门代表

10. 工程计量时,应以(　)为准。

A. 图纸给定的数量　　B. 工程量清单数量

C. 实际完成的数量　　D. 实际完成并经监理签认的数量

二、多选题(在下列各题的备选答案中,有两个及以上的选项符合题意,请将其代号填入括号内;若选项中有错误选项该题不得分,选项正确但不完全的每个选项给 0.5 分,完全正确得满分;每题 2 分,共 40 分)

1. 工程计量的主要文件包括(　)。

A. 工程量清单及说明　　B. 合同图纸

C. 工程变更令及修订的工程量清单　　D. 合同条件

E. 技术规范及有关计量的补充协议

2. 按时间分,工程支付可分为(　)。

A. 综合支付　　B. 前期支付

C. 最终支付　　D. 中期支付

3. 公路工程选择监理单位通常方式有(　)。

A. 公开招标　　B. 邀请招标

C. 直接委托　　D. 议标

4. 监理工程师必须在满足下列(　)要求后,签发支付材料设备的预付款证明。

A. 材料设备将被用于永久性工程

B. 材料设备已运抵工地现场或监理工程师认可的承包人的生产场地

C. 材料设备的质量满足合同要求

D. 材料设备的存放满足合同要求

E. 承包人向监理工程师提交材料设备的订货单或收据

5. 网络计划优化的目标有(　)。

A. 按资源有限优化工程质量　　B. 按合同工期缩短关键线路

C. 按工期最短优化资源均衡　　D. 进行工程费用优化

6. 进度计划的表示方式有(　)等。

A. 网络图　　B. 横道图

C. 斜道图　　D. 进度曲线图

7. 流水作业参数有(　)。

A. 空间参数　　B. 工艺参数

C. 时间参数　　D. 分段参数

8. 监理工程师在监理过程中进行监督检查的技术依据是(　)。

A. 技术规范、评定标准

B. 设计图纸、所有经监理工程师签发的指令

C. 工程变更

D. 业主的整改令

9. 监理中心试验室应在承包人进行标准试验的同时或以后平行进行复核对比试验。中心试验室可以( )承包人标准试验的参数或指标。

A. 肯定　　B. 否定

C. 调整　　D. 不理睬

10. 工程质量常用的数理统计方法有( )。

A. 直方图　　B. 控制图

C. 相关图　　D. 斜道图

11. 工程项目目标控制的方式有( )等。

A. 搜集信息　　B. 跟踪调查

C. 前馈控制　　D. 反馈控制

E. 被动控制　　F. 主动控制

12. 施工中因不可抗力事件的影响而使承包人受到损害时,承包人有权及获得补偿的款项可能包括( )。

A. 直接费　　B. 间接费

C. 利润损失　　D. 施工现场管理费

E. 公司总部管理费

13. 工作之间的逻辑关系包括( )。

A. 工艺关系　　B. 紧前工作

C. 紧后工作　　D. 组织关系

E. 先行工作　　F. 后续工作

14. 有节奏流水施工的种类( )。

A. 等节奏流水施工　　B. 等步距异节奏

C. 异步距异节奏　　D. 变化步距节奏

15. 在工程网络计划中,关键线路是指( )的线路。

A. 双代号网络计划中没有虚箭线

B. 时标网络计划中没有波形线

C. 单代号网络计划中相邻两项工作之间间隔均为零

D. 双代号网络计划中由关键节点组成

16. 工程项目建设管理组织结构模式有( )。

A. 工程项目总承包模式　　B. 工程指挥部管理模式

C. 交钥匙管理模式　　D. 业主自管模式

E. 社会监理管理模式

17. 质量控制中比较常用而有效的统计方法有( )。

A. 频数分布直方图法　　B. 排列图法

C. 因果分析图法　　D. 控制图法

E. 分层法　　F. 统计调查分析法

18. 第一次工地会议必须参加的人员是( )。

A. 质量监督人员　　B. 监理工程师

C. 业主或授权代表　　D. 承包人授权代表

19. 监理技术性评标内容包括(　)。

A. 拟用于该项目监理工程师水平及能力　　B. 监理单位信誉

C. 监理单位注册资金　　D. 监理单位所有制形式

E. 监理程序及措施适用性

20. 公路工程实行社会监理的优点是(　)。

A. 赋予监理工程师全面监督管理的权限,加强其地位

B. 有助于提高管理水平

C. 有助于转变各级政府主管部门的职能

D. 有利于提高工程质量和加快工程进度

E. 有利于控制费用、节约投资

三、判断题

(认为下述观点正确的在括号内画"✓",错误的画"×",判断准确得分,否则不得分。每题1分,共10分)

1. 监理工程师可指令承包人按计日工完成特殊的、较小的变更工程或附加工程。(　)

2. PDCA管理循环的四个阶段,符合"实践—认识—再实践—再认识"。(　)

3. 缺陷责任期一般为一年,起算日期以工程完成时的日期为准。(　)

4. 进度计划的编制中,逻辑关系中紧前工作与紧后工作可以互逆,当B工作的紧前工作有A时,A工作的紧后工作也只有B。(　)

5. 延迟付款利息是对业主支付的一种约束。(　)

6. 目标的动态控制是一个无限的循环过程,应贯穿于工程项目实施阶段的全过程。(　)

7. 监理工程师实施工程进度监理主要职责之一是审批承包人在开工前提交的总体施工进度计划、现金流动计划和总说明以及在施工阶段提交的各种详细计划和变更计划。(　)

8. 双代号网络图中,所有线路中总持续时间最长的线路为关键线路。(　)

9. 工程费用支付必须以工程计量为基础,以技术规范和报价单为依据来进行。(　)

10. 承包人提出和采取的加快工程进度的措施经过监理工程师批准后,为此而增加的施工费用应由承包人自负。(　)

四、简答题

(要求简明扼要,每题4分,共20分)

1. S曲线的定义和作用是什么?

2. 工程结束后,监理工程师提交监理工作报告内容包括什么?

3. 工程工期延期的审批和受理原则?

4. 工程变更的合理价格如何确定?

5. 简述各监理阶段的主要监理任务。

五、综合分析题

(正确分析并回答问题,每题10分,共20分)

1. 为什么公路工程建设中要实行监理制度?

2. 论述当前业主和监理工程师(单位)的合理分工。

参考答案

一、单选题

1. A　2. B　3. B　4. A　5. C　6. D　7. C　8. C　9. B　10. D

二、多选题

1. ABCDE	2. BCD	3. ABC	4. ACDE	5. BD
6. ABCD	7. ABC	8. ABC	9. ABC	10. ABC
11. CDEF	12. 建 ABE,交 ABD	13. AD	14. ABC	15. BC
16. BDE	17. ABCDEF	18. BCD	19. ABE	20. ABC

三、判断题

1. ✓　2. ✓　3. ×　4. ×　5. ✓　6. ×　7. ✓　8. ✓　9. ✓　10. ✓

四、简答题

略。

五、综合分析题

略。

附录4　2004年公路工程监理工程师执业资格考试《监理理论》试卷及参考答案

一、单选题（下列各题中，只有一个备选项最符合题意，请将该备选项的代号填入括号，如果选错或不选不得分，每题1分，共20分）

1. 把对工程的（　）交给监理工程师，是执行好监理制度的关键。

A. 工程费用支付的签认和否决权　　B. 停工与返工权

C. 旁站与验收权　　D. 验收与计量权

2. 在工程项目建设中，始终处于主要负责者地位的是（　）。

A. 项目法人　B. 监理单位　C. 承包人　D. 政府建设主管部门

3. 监理工程师对结构物混凝土体积进行计量，应以（　）为准。

A. 合同图纸净尺寸　　B. 现场实际测量尺寸

C. 与业主协商确定　　D. 与承包人共同确认

4. 在公路工程监理过程中，承包人应当按照（　）的规定接受监理。

A. 公路工程承包合同　　B. 公路工程监理合同

C. 监理单位给承包人的书面通知　　D. 项目法人给承包人的书面通知

5.（　）是一项由业主提供给承包人用作开工费用的无息款项。

A. 暂定金额　　B. 动员预付款

C. 保留金　　D. 计日工

6. 承包人的质量控制主要靠（　）来实现。

A. 监理工程师的监控　　B. 质量监督部门的监督

C. 承包人的质量自检体系　　D. 业主提供的条件

7. 公路工程施工质量监理程序的第一个环节是（　）。

A. 承包人自检　　B. 承包人填报《质量验收通知单》

C. 承包人填报《开工申请单》　　D. 监理抽检质量

8.（　）就是预先分析目标偏离的可能性，并拟订和采取各项预防性措施，以使计划目标得以实现。

A. 全面控制　B. 主动控制　C. 被动控制　D. 反馈控制

9. 某公路工程在缺陷责任期内，由于洪水造成了该公路的损坏，其修复费用应由（　）承担。

A. 承包人　B. 设计单位　C. 运营单位　D. 业主

10. 命令源最多的组织结构形成是（　）。

A. 直线式　B. 职能式　C. 矩阵式　D. 直线职能式

11. 风险管理中（　）项工作最重要。

A. 风险的预测和识别　　B. 风险分析和评估

C. 规划并决策　　D. 风险回避

12. 如果某项工作拖延的时间超过其局部时差但没有超过总时差，则（　）。

A. 其紧后工作不能按最早时间开工　　B. 会影响工程总工期

C. 该项工作会变成关键工作　　D. 对后续工作工期及总工期无影响

13. 承包人开挖基坑的范围超过了合同技术规范规定的超挖上限，虽然没有变更令，监理工程师（　）。

A. 可以根据实际情况对超挖部分予以计量

B. 对超过上限部分不予计量

C. 承包人协商处理

14. 路面水泥稳定基层摊铺时混合料的含水量宜高于最佳含水量（　），以补偿摊铺及碾压过程中的水分损失。

A. 0.5% ~1.0%　　B. 1.0% ~1.5%　　C. 1.0% ~2.0%　　D. 2.0% ~2.5%

15. 业主在选择监理工程师（单位）时考虑的因素有（　）。

A. 技术评价　　B. 既考虑技术方面评价，也考虑费用的评价

C. 对监理单位的经济实力评价　　D. 费用评价

16. 监理合同的标的是（　）。

A. 酬金　　B. 工程项目　　C. 技术与酬金　　D. 设计图纸

17. 每一个控制过程都是经过投入、转换、（　）、对比、纠正等基本步骤。

A. 检查　　B. 分析　　C. 反馈　　D. 决策

18. 在建设工程的实施过程中，如果提高工程质量标准，一般会导致（　）。

A. 投资增加，工期缩短　　B. 投资减少，工期延长

C. 投资增加，工期延长　　D. 投资减少，工期缩短

19. 在一组数据中最大值与最小值之差称为（　）。

A. 中位数　　B. 极差　　C. 标准差　　D. 变异系数

20. 在采用邀请招标方式选择公路工程监理单位时，邀请的监理投标单位最少不得少于（　）家。

A. 3　　B. 4　　C. 5　　D. 8

二、多选题

（在下列各题的备选答案中，有两个及其以上的备选项符合题意，请将其代号填入括号内；若选项中有错误选项该题不得分，选项正确但不完全的每个选项给 0.5 分，完全正确得满分；每题 2 分，共 40 分。）

1. 下列违约中属于承包人一般违约的有（　）。

A. 无正当理由不开工或拖延工期

B. 未按合同照管好工程

C. 由于承包人的责任，使业主的利益受到损害

D. 无视监理工程师的警告，一贯公然忽视履行合同规定的责任与义务

2. 组织设计的原则包括（　）。

A. 目的性原则　　B. 有效管理跨度原则　　C. 精简的原则

D. 集权与分权相结合原则　　E. 责、权、力、效、利相匹配的原则

3. 工程监理的相关学科是(　　)。

A. 系统工程　　B. 经济管理学　　C. 投资学

D. 技术经济学　　E. 组织学　　F. 工程监理学

4. 监理工程师必须在确认延期事件满足(　　)条件后，才受理工程延期申请。

A. 由于非承包人的责任，工程不能按原定工期完工

B. 延期情况发生后，承包人在合同规定期限内向监理工程师发出工程延期的通知

C. 未经监理工程师同意，随意分包工程，或将整个工程分包出去

D. 延期时间终止后，承包人在合同规定的期限内，向监理工程师提交正式的延期申请报告

E. 承包人承诺继续按合同规定向监理工程师提交有关延期的详细资料，并根据监理工程师的要求随时提供有关证明

5. 我国《公路工程施工监理合同范本》由(　　)组成。

A. 合同协议书　　B. 合同通用条款

C. 合同所列的技术标准　　D. 合同所定的监理职责及业主授权

E. 合同专用条款　　F. 附件

6. 监理工程师对进度计划的审查内容为(　　)。

A. 工期安排的合理性　　B. 施工准备的可靠性

C. 计划与能力的适应性　　D. 机械设备的协调性

E. 实现目标的准确性

7. 在合同支付项目中，业主先支付给承包人，并在一定期间又要扣回的款项有(　　)。

A. 保留金　　B. 动员预付款　　C. 索赔费用

D. 延迟付款利息　　E. 材料预付款

8. 在工程网络计划中，关键线路是指(　　)的线路。

A. 双代号网络计划中没有虚箭线

B. 时标网络计划中没有波形线

C. 单代号网络计划中相邻两项工作之间间隔均为零

D. 双代号网络计划中由关键节点组成

9. 工作之间的逻辑关系包括 (　　)。

A. 工艺关系　　B. 紧前工作　　C. 紧后工作

D. 组织关系　　E. 先行工作　　F. 后续工作

10. 工程项目建设承发包的形式按计价方式不同分为(　　)。

A. 固定总价合同　　B. 固定单价合同　　C. 计量估价合同　　D. 成本加酬金合同

11. 有节奏流水施工的种类有 (　　)。

A. 等节奏流水施工　　B. 等步距异节奏　　C. 异步距异节奏　　D. 变化步距节奏

12. 进度监理的基本方法有(　　)。

A. 横道图法　　B. S 曲线法　　C. 斜条图法

D. 网络计划图法　　E. 计划评审法

13. 公路工程计量的原则是 (　　)。

A. 不符合合同文件要求的工程不计量

B. 承包人手续不全不计量

C. 按合同文件规定的方法、范围、内容、单位计量

D. 按监理工程师同意的方法计量

E. 按习惯计量的方法计量

14. 在工程项目实施过程中(　　　)应接受政府监督。

A. 业主　B. 监理单位　C. 材料设备供应单位　D. 承包人

15. 工程项目建设管理的组织结构模式有(　　　)。

A. 工程项目总承包模式　B. 工程指挥部管理模式

C. 交钥匙管理模式　D. 业主自管模式

E. 社会监理管理模式

16. 路基压实度可用 (　　　)检测。

A. 灌砂法　B. 环刀法　C. 核子密度仪法　D. 钻孔取芯法

17. 质量控制中比较常用而有效的统计方法有(　　　)。

A. 频数分布直方图法　B. 排列图法　C. 控制图法

D. 加权平均法　E. 因果分析图法

18. 在工程项目建设监理的目标中,(　　　)必须优先予以保证。

A. 安全可靠性　B. 投资费用　C. 使用功能

D. 施工质量　E. 工程进度

19. 在工程量清单的编制工作中,工程量计算的依据是 (　　　)。

A. 设计图纸　B. 工程定额　C. 项目编号　D. 工程量计算规则

20. 工程质量监理的主要方法有(　　　)。

A. 旁站　B. 试验　C. 抽检　D. 工序控制

三、判断题(认为下述观点正确的在括号内画"✓",错误的画"×";判断准确得分,否则不得分;每题 1 分,共 10 分)

1. 监理工程师是施工合同文件中授权承担工程监理工作的个人。(　)

2. 当监理中心试验室试验结果与承包人的试验结果出现允许误差以外的差异时,一般以承包人的试验结果为准。(　)

3. 承包人的质量负责人在工序施工中可不在现场,但在自检和监理工程师验收时,必须亲临现场。(　)

4. 工程施工过程中的费用监理,主要是对工程计量与支付的监督和管理。(　)

5. 业主如不同意项目总监理工程师下达的工程指令,可直接向承包人下达更改指令。(　)

6. 监理工程师可指令承包人按计日工完成特殊的、较小的变更工程或附加工程。(　)

7. PDCA 管理循环的四个阶段,符合"实践—认识—再实践—再认识"规律。(　)

8. 工程质量监理是监理工程师对一项工程实行全过程、全方位、全天候的旁站。(　)

9. 只要业主同意,承包人就可雇用任何分包商而无需监理审查批准。(　)

10. 已经支付过材料预付款的材料,其所有权归业主。(　)

四、简答题（要求简明扼要，每题5分，共10分）

1. 什么是合同的变更、转让?

2. 简述与工程施工监理活动相关的各行为主体之间的关系。

五、论述题

1. 某承包人在1月份完成了3座涵洞和500立方米土方，但是涵洞洞身混凝土试件的7天抗压强度试验结果未达到要求。试述监理工程师是否同意承包人申报1月份的工程量。

2. 试述监理工程师在质量监理、进度监理、费用监理方面的职责和权限。

参考答案

一、单选题

1. A　2. A　3. A　4. A　5. B　6. C　7. C　8. B　9. D　10. B
11. A　12. A　13. B　14. A　15. B　16. C　17. C　18. C　19. B　20. A

二、多选题

1. BC　2. ABDE　3. CDEF　4. ABDE　5. ABEF
6. ABC　7. BE　8. BC　9. AD　10. ABCD
11. ABC　12. ABCD　13. ACD(选B不扣分)　14. ABCD　15. BDE
16. ABC　17. ABCE　18. ACD　19. AD　20. ABCD

三、判断题

1. ×　2. ×　3. ×　4. ✓　5. ×　6. ✓　7. ✓　8. ×　9. ×　10. ✓

四、简答题

略。

五、论述题

略。

附录5 2005年公路工程监理工程师执业资格考试《监理理论》试卷(A卷)及参考答案

一、单选题(下列各题中,只有一个备选项最符合题意,请将你认为最符合题意的一个备选项序号填在括号内,选错或不选不得分。每题1分,共20分)

1. 如果不具有( ),监理就难以保证三大目标的实现。

A. 科学性　B. 服务性　C. 独立性　D. 委托性

2. 公路工程施工过程中,施工监理的主要依据是( )。

A. 监理委托合同及施工承包合同　B. 建设单位的会议纪要

C. 设计合同文件　D. 质量监督信息

3. 已经运到施工现场的施工机械设备是承包人资产,承包人可以( )。

A. 自由调用　B. 经业主同意后,可自由调用

C. 经监理批准即可自由调用　D. 经监理批准、业主同意,才能自由调用

4. 在法律上,合同的签订可分为要约和承诺两个阶段,一般认为( )。

A. 工程招标是要约,工程投标是承诺

B. 工程招标是要约,工程投标是再要约,定标则是承诺

C. 工程招标是要约邀请,工程投标是要约,定标则是承诺

D. 工程招标、投标是要约,定标则是承诺

5. 设计单位、监理工程师、承包人均可按照规定程度提出设计变更要求,但必须经过( )的批准才能生效。

A. 工程专家　B. 监理工程师　C. 总监理工程师　D. 业主

6. 承包人的费用索赔是指承包人由于( )原因而造成的费用损失或增加而向业主提出的费用补偿要求。

A. 不可预见因素　B . 天气因素　C. 业主因素　D. 非承包人自身

7. 按《公路工程施工监理规范》规定,各类高级监理人员一般应占监理人数的( )以上。

A. 5%　B. 10%　C. 15%　D. 20%

8. ( )就是预先分析目标偏离的可能性,并拟订和采取各项预防性措施,以便计划目标得以实现。

A. 全面控制　B. 主动控制　C. 被动控制　D. 反馈控制

9. 下列属于工程进度监理职责与权限的是( )。

A. 主持开工前的第一次工地会议

B. 签发动员预付款支付证书

C. 审批承包人在开工前提交的现金流动计划

D. 签发各项工程的开工通知单

10. 进度控制中横道图是常用图之一，以下四项中哪一项不是其优点(   )。

A. 形象直观　　B. 搭接关系明确
C. 逻辑关系严谨　　D. 制作方便快捷

11. (   )不是确定关键线路的方法。

A. 线路枚举法　B. 关键工作法　C. 关键节点法　D. S 曲线法

12. 除工地实验室外，承包人试验室还包括(   )。

A. 中心试验室　　B. 流动试验室
C. 检测中心　　D. 质监站试验室

13. (   )不是质量检验的方法。

A. 目测法　B. 量测法　C. 分层法　D. 试验法

14. (   )不是工程费用的部分。

A. 间接成本　　B. 设备费
C. 法定税金　　D. 利润

15. (   )不是公路工程建设资金的筹资方式。

A. 政府特许经营　　B. 成立政府项目责任公司
C. 发放国债　　D. 群众集资

16. 工程计量时，应以(   )的数量为准。

A. 图纸给定　　B. 工程量清单
C. 实际完成　　D. 实际完成并经监理签认

17. 工程支付必须以(   )为基础。

A. 工程质量　B. 工程进度　C. 工程计量　D. 工程量清单

18. 质量缺陷的处理方案一般应由(   )提出。

A. 施工单位　B. 建设单位　C. 监理单位　D. 设计单位

19. (   )不是监理月报的内容。

A. 工程描述　　B. 监理收发函件
C. 工程质量、进度、支付状况　　D. 监理工作执行情况

20.《公路工程施工监理规范》明确的监理技术档案不包括(   )。

A. 现场指令　　B. 监理日报
C. 检查记录　　D. 试验记录

二、多选题（在下列各题的备选答案中，有两个或两个以上的备选项符合题意，请将你认为符合题意的备选项序号填在括号内；若选项中有错误选项该题不得分，选项正确但不完全的每个选项给 0.5 分，完全正确的得满分。每题 2 分，共 40 分）

1. (   )属于项目监理组织内部工作制度

A. 监理组织工作会议制度　　B. 监理工作日志制度
C. 施工图纸会审制度　　D. 监理周报制度
E. 技术经济签证制度

2. 公路建设必须招标的项目有(   )。

A. 投资 3000 万元以上　　B. 单项合同价 200 万元以上

C. 材料设备单项合同100万元以上　　D. 设计、监理费单项合同50万元以上
E. 国家机密工程

3. 以下属总监理工程师的职责与权限的有(　　)。
A. 审查批准工程建设合同　　B. 审查批准工程延期
C. 签发工程支付证书　　D. 处理重大质量事故

4. 在公路工程施工项目监理的目标中(　　)必须优先予以保证。
A. 安全可靠性　　B. 投资费用
C. 使用功能　　D. 施工质量
E. 工程进度

5. 监理目标控制的前提工作是(　　)。
A. 目标规划和计划　　B. 落实好控制机构、人员和职能
C. 与被监理单位的充分协商　　D. 与业主合作监理
E. 落实全部项目建设资金

6. 月(季)度施工进度计划包括(　　)。
A. 工程施工总进度计划　　B. 分项工程施工进度计划
C. 设备、材料采购计划　　D. 资金流动计划与施工人员安排计划

7. 提交总进度计划应包括下述内容(　　)。
A. 总进度计划　　B. 关键工程进度计划
C. 现金流动计划　　D. 施工组织计划
E. 进度计划调整方案

8. 工程进度事中控制过程中应重点做好下列工作(　　)。
A. 编制项目实施总进度计划　　B. 工程进度检查
C. 按合同要求进行工程计量验收　　D. 进度计量签证
E. 建立工程进度状况监理日志

9. 施工进度滞后时，监理工程师可建议承包人加快进度的措施有(　　)。
A. 采取技术措施，缩短工艺流程　　B. 增加设备和人员
C. 改善劳动条件和福利　　D. 开辟新工作面
E. 加班加点　　F. 加强现场管理

10. (　　)是评价项目施工质量的尺度。
A. 质量检验评定标准　　B. 合同文件
C. 设计文件　　D. 质量数据
E. 工程验收资料　　F. 质量评定资料

11. 质量监理分为(　　)几个阶段。
A. 施工准备阶段　　B. 施工阶段
C. 竣工验收阶段　　D. 交工及缺陷责任期阶段

12. 监理工程师书面指示进行某项检查试验，届时他既未出席，又未发布其他指令，承包人应(　　)。
A. 推迟试验等待监理工程师出席　　B. 自行试验
C. 将试验记录送监理工程师　　D. 质量是否合格由试验数据判定
E. 不必试验、书面请求监理工程师承认该部分产品合格

13. 施工人员素质是影响工程质量的主要因素之一，除此之外还有(　　)。

A. 工程材料　　B. 机械设备　　C. 工艺方法　　D. 环境条件

14. 根据建设任务、施工管理和质量检验评定需要，公路建设项目可划分为(　　)。

A. 单位工程　　B. 单项工程

C. 重点工程　　D. 一般工程

E. 分部工程　　F. 分项工程

15. 施工现场经费包括(　　)。

A. 施工技术装备费　　B. 临时设施费　　C. 施工机构迁移费　　D. 现场管理费

16. 工程计量的主要文件(可能是依据)包括(　　)。

A. 工程量的主要及说明　　B. 合同图纸

C. 工程变更及修订的工程量清单　　D. 合同条件

E. 技术规范及有关计量的补充协议

17. 承包人在完成较小附加工程后申请计日工支付时，应提供(　　)。

A. 用工清单　　B. 材料清单

C. 设备清单　　D. 费用清单

E. 工程量清单

18. 竣工验收时，有关各方提交的工作报告应包括(　　)。

A. 设计工作报告　　B. 监理工作报告

C. 生产安全报告　　D. 项目执行报告

E. 质量监督工作报告及工程质量鉴定　　F. 环境保护情况报告

19. 第一次工地会议的参加者包括(　　)。

A. 业主　　B. 承包人

C. 监理工程师　　D. 项目部担任主要职务的部门负责人

E. 一般分包人

20. 公路工程施工监理合同协议书附件由(　　)组成。

A. 监理服务形式、范围、内容　　B. 业主提供的监理工作条件

C. 监理人员的数量、结构　　D. 监理费与支付

三、判断题

(认为下述观点正确的在括号内画"✓"，错误的画"×"，判断准确得分，否则不得分。每题1分，共10分)

1. 工程监理的实质是监理工程师在工程管理中处于核心地位，运用业主授予的权力，对三大目标实行全面监理。(　　)

2. 承包人提出的变更与监理提出的变更一样，一旦获得批准，承包人有权获是额外的费用补偿。(　　)

3.《公路工程施工监理招标评标办法》规定：国内项目工程监理投标价高于概算定额建安工程费的1.4%，其投标无效。(　　)

4. 监理单位只有具备了维护其独立性，公正性所需要的条件和从事监理工作应当具备的人员素质、专业技能、管理水平、监理经验等条件，才能有效地开展工程建设监理业务。(　　)

5. 监理工程师在进行进度控制时，要明确进度计划不变是绝对的，变是相对的。(　　)

6. 在公路工程项目的实施性网络计划图中，关键线路的数量越多，每个工作的控制越能到位，进度监理就越容易。 （ ）

7. 在工程缺陷责任期，如果发现已交工程的任何工程缺陷或工程质量不合格，若施工单位没有执行监理工程师的修复指示，建设单位有权安排修补缺陷，监理工程师应确定费用，并在支付承包人的款项中扣除。 （ ）

8. 第一次工地会议是监理工程师检查承包人的施工准备情况的一次会议。 （ ）

9. 对监理人员履行职责的能力、表现和职业道德，进行评价、考核和处理是总监理工程师的职责和权限。 （ ）

10. 对不符合技术规范和合同条件要求的工程项目，监理工程师有权暂时拒绝支付。 （ ）

四、综合分析题 （按所给问题的背景资料，正确分析并回答问题，每题 15 分，共 30 分）

1. 简述监理工程师在施工准备阶段的主要任务。

2. 某高速公路工程全长 160km，跨甲、乙两省市，划分为甲 1、甲 2、甲 3 和乙 1、乙 2、五个施工合同段，并相应设置现场监理机构。请按照监理规范的要求选择适当的监理组织形式，画出监理组织结构图，并分析该组织模式的优缺点。

参考答案

一、单选题

1. A	2. A	3. C	4. C	5. B	6. D	7. B	8. B	9. C	10. C
11. D	12. B	13. C	14. B	15. D	16. D	17. C	18. A	19. B	20. B

二、多选题

1. ABD	2. ABCD	3. BCD	4. ACD	5. AB
6. BCD	7. BC	8. BCDE	9. ABDE	10. ABC
11. ABD	12. BCD	13. ABCD	14. AEF	15. BD
16. ABCDE	17. ABCD	18. ABCDE	19. ABCD	20. ABD

三、判断题

1. ✓	2. ×	3. ×	4. ✓	5. ×	6. ×	7. ✓	8. ×	9. ✓	10. ✓

四、综合分析题

1. 答：答案要点（参见《监理规范》3.3.1）：

（1）参加施工招标，熟悉施工设计文件；

（2）制定详细的监理工作计划；

（3）发布开工令；

(4)召开第一次工地会议；

(5)审批承包人的工程进度计划(含施工组织设计)；

(6)审批承包人的质量保证体系；

(7)检验承包人的进场材料；

(8)审批承包人的标准试验；

(9)检查承包人的保险及担保,支付动员预付款；

(10)审查承包人的施工机械设备；

(11)验收承包人的施工定线；

(12)验收承包人测定的地面线；

(13)审批承包人提前的施工图；

(14)检查承包人占用工程场地；

(15)监理其他与保证工期开工有关的施工准备工作。

2. 答:(1)按照现行《公路工程施工监理规范》,现场监理机构一般按工程招标合同段设置基层机构,可视情况分别设置一级、二级或三级监理机构。由于该工程为跨省市,根据监理机构设置的适用条件,应设置三级监理机构,有4种监理组织结构可供选择:直线式、职能式、直线—职能式、矩阵式,一般常用的是直线式或直线职能式。本题以直线式为例。

(2)画直线式结构图如附录图5-1:

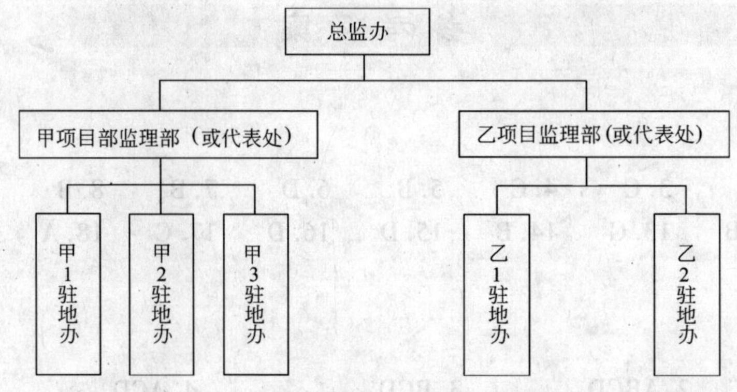

附录图 5-1

(注:如以直线—职能式结构形式绘出图也可,但优缺点与其相应。)

该项目采用直线式监理组织结构很适用。根据合同段的数量可设置五个合同段驻地办公室。

(3)直线式监理组织具有结构简单、职责分明、权力集中、命令统一、决策迅速、指挥录活等优点;其缺点是结构呆板,专业分工差,横向联系困难等。

(如果采用直线—职能式等形式的特点叙述也可,但要结构图一致。)

附录6 考试样题

一、单选题

1. 目前我国的工程监理是根据(　)基本理论并结合我国的具体情况提出的。
   A. QS　B. CM　C. PM　D. TQC
2. 在实施工程建设监理的项目中,监理单位应以公正的第三方身份出现主要是由于(　)。
   A. 项目业主的授权　B. 项目业主与承建商的合同规定
   C. 建设监理制的规定　D. 监理工程师职业道德准则的约束
3. 如果我国监理单位不具备(　),在监理活动中就难以做到维护业主的权益公正调解业主和承包商的纠纷。
   A. 专业化　B. 竞争性　C. 独立性　D. 高智能性
4. 在建设工程施工阶段,质量目标定得较高,往往需要投入较多的(　)。
   A. 时间和资金　B. 时间和机械
   C. 人员和资金　D. 机械和资金
5. 在某网络计划中,工作的最早开始时间为第 28 天,其持续时间为 9 天。该工作有三项紧后工作,它们的最迟开始时间分别为第 40 天、第 43 天和第 48 天,则工作的总时差为(　)。
   A. 20　B. 11　C. 3　D. 5
6. 网络图中的中间节点(　)。
   A. 既有外向箭线,又有内向箭线　B. 只有外向箭线
   C. 既无外向箭线,又无内向箭线　D. 只有内向箭线
7. 建设项目(或标段)所含单位工程全部合格,单位工程优良率不少于(　)%,且工程质量评分值不小于 85 分时其工程质量等级才可评为优良。
   A. 90　B. 85　C. 80　D. 70
8. 在工程监理过程中如何控制工程质量(　)。
   A. 被动控制　B. 强制控制
   C. 主动控制　D. 除主动控制外也应辅以被动控制方法
9. 支付必须以(　)为基础。
   A. 工程质量　B. 工程进度　C. 工程计量　D. 工程量清单
10. 工程项目总进度计划应在(　)阶段编制。
   A. 前期决策　B. 设计前准备　C. 设计　D. 施工招标

二、多选题

1. 在工程监理过程中正确的说法是(　　)。
   A. 工程监理的行为主体是施工单位　B. 业主和监理是合同关系

C. 业主和承包商是合同关系　　D. 监理和承包商没有关系

2. 公路工程监理过程中应该抓住(　　)关键性的问题。

A. 明确监理工程师的职责　　B. 强化其在工程管理中的地位

C. 充分发挥监理工程师作用　　D. 为承包商当好参谋

3. 工程建设过程中,施工监理的依据包括(　　)。

A. 国家法律、法规　　B. 业主和承包商签订的承包合同

C. 设计图纸　　D. 建设市场的要求

4. 公路工程建设有(　)等特点。

A. 建设周期短　　B. 涉及面广

C. 需协调配合　　D. 强调政府、社会和企业质量保证体系

5. 全面质量管理体系在 P 阶段(　　)。

A. 分析原因,找出存在的问题　　B. 分析产生问题的各种原因或影响因素

C. 找出主要的影响因素　　D. 研究处理措施

6. 工程建设承发包结构模式有(　　)。

A. 平行承发包　B. 施工总分包　C. 工程项目总承包　D. 施工分包

7. 监理工程师的职责与权限下列说法正确的是(　　)。

A. 向承包人技术交底　　B. 有权拒绝用于工程的材料、设备

C. 有权利用施工单位的测试仪器设备　　D. 督促业主及时履行合同规定的各项责任

8. 总监理工程师为保证工程质量,可对(　　)等情况下达停工令。

A. 擅自采用未经认可或批准的材料　　B. 擅自将工程转包

C. 未经检验即进入下一道工序　　D. 工程出现质量下降征兆

9. 风险控制对策中基本对策有(　　)。

A. 风险控制　B. 风险自留　C. 工程投保　D. 风险转移

10. 主动控制与被动控制的(　　)。

A. 控制对象不同　B. 纠正方式不同　C. 调整时机不同　D. 控制后果不同

11. 工程项目三大目标的对立关系表现在(　　)。

A. 提高质量标准就增加投资

B. 提高质量标准就延长工期

C. 提高质量工程不返工,相当于缩短工期

D. 缩短工期,项目提前动用增加效益

12. 进度调整的主要方法有(　　)。

A. 调整关键工作的持续时间　　B. 改变工作间的逻辑关系

C. 改变子项工作的持续时间　　D. 利用非关键工作的总时差

13. 在工程施工过程中,承包单位提出工程延期的条件有(　　)。

A. 监理工程师发出的变更令而导致工程量增加

B. 对合格工程的剥离检查

C. 施工方案失当

D. 施工图纸未按时提供

14. 工作之间的逻辑关系包括(　　)。

A. 工艺关系　B. 紧前关系　C. 紧后关系　D. 组织关系

15. 监理工程师审查进度计划的内容(　　)。

A. 工期和时间安排的合理性　　B. 施工准备的可靠性

C. 计划目标与施工能力的适应性　　D. 各项施工方案和技术水平相适应

16. 工程项目质量的内涵应包括(　　)。

A. 工程项目的实体质量　　B. 分项工程质量

C. 分部工程质量　　D. 单位工程质量

17. 材料选择和使用不当均会严重影响工程质量或造成质量事故,为此针对工程特点,根据材料的(　　)等方面慎重地选择材料。

A. 性能　　B. 品种

C. 质量检验数据　　D. 质量标准

18. 质量控制中较常用的统计方法有(　　)。

A. 直方图　　B. 排列图

C. 控制图　　D. S 曲线

19. 钢筋的一般检验项目包括(　　)。

A. 屈服强度　　B. 疲劳强度

C. 延伸率　　D. 冷弯性能

20. 下面属于路基工程分部工程的有(　　)。

A. 路基土石方　　B. 排水

C. 小型挡土墙　　D. 小桥涵洞

21. 基坑检验的内容有(　　)。

A. 基底平面位置　　B. 基底标高

C. 承载力　　D. 排水

22. 目前公路隧道洞身开挖的方法一般有(　　)。

A. 新奥法　　B. 矿山法

C. 沉管法　　D. 明挖法

23. 环境保护必须与主体工程(　　)。

A. 同时决策　　B. 同时设计

C. 同时实施　　D. 同时交付使用

24. 利用世界银行贷款建设的公路项目,应按(　　)程序办事。

A. 国际招标　　B. 国内招标

C. 国内的基本建设　　D. 要符合世界银行的

25. 政府监督具有的性质为(　　)。

A. 公正性　　B. 强制性　　C. 全面性　　D. 执法性

26. 影响公路工程施工进度的因素,按 FIDIC 管理模式可分为(　　)。

A. 政府行为原因　　B. 承包人原因

C. 业主的原因　　D. 监理工程师的原因

27. 质量保证体系有(　　)。

A. 政府监督　　B. 业主管理　　C. 社会监理　　D. 企业自检

28. 公路工程投资总额由(　　)组成。

A. 工程费用　　B. 公路工程造价　　C. 成本费用　　D. 营运费用

29. 下面属经济效果评价方法的有(　　)。

A. 投资回收期法　B. 现值法　C. 计算法　D. 收益率法

30. 对于工程项目来说,索赔有(　　)。

A. 费用索赔　B. 质量索赔　C. 时间索赔　D. 违约索赔

31. 工程变更费用的支付依据是(　　)。

A. 工程清单　B. 工程合同　C. 工程变更令　D. 工程变更清单

32. 世界银行采购指南对合同价格调整一般采用(　　)。

A. 票证法　B. 数据法　C. 公式法　D. 推算法

33. 中间支付程序包括(　　)。

A. 中间支付申请　B. 计量汇总

C. 中间支付申请的审定　D. 中间支付证书的签发

34. 监理工程师在质量控制中应遵循的原则是(　　)。

A. 以人为核心　B. 以施工过程控制为重点

C. 坚持"质量第一"　D. 预防为主

35. 监理工程师对环境因素的控制中,(　　)均属于工程劳动环境的因素。

A. 气象　B. 劳动组合　C. 劳动工具　D. 地质条件

36. 施工阶段的质量监理首先要做好开工前检查,目的是检查(　　)。

A. 是否具备开工条件　B. 施工组织设计是否符合要求

C. 能否连续地进行正常工作　D. 开工后能否保证质量

37. 对工程质量事故的发生,监理工程师也要承担间接监控责任因为监理工程师对工程质量具有(　　)。

A. 事前介入权　B. 事中检查权　C. 事后验收权　D. 事故调查权

38. 预备费包括的内容有(　　)。

A. 物价上涨　B. 器材处理亏损费

C. 设计变更增加的费用　D. 隐蔽工程重新开挖增加的费用

39. 进度控制的主要方法有(　　)。

A. 技术　B. 规划　C. 优化　D. 协调

40. 锚喷支护的基本要点有(　　)。

A. 钢筋应清除污锈　B. 钢筋不得外露

C. 锚杆可有适当的外露　D. 喷射时钢筋不得晃动

三、判断题

1. 监理单位在与业主签订监理合同后,首先要做的是建设监理机构。(　)

2. 交通部每五年对监理工程师资格和部批专业监理工程师资格进行复查。(　)

3. 工程质量监理是监理工程师对一项工程实行全过程、全方位和全天候的全面质量管理。(　)

4. 由于发生质量事故,不降低质量标准或使用要求为前提,可不考虑造形的影响。(　)

5. 柔性路面主要指水泥混凝土作面层的路面结构。(　)

6. 环刀法适用于粗粒土。(　)

7. 隧道施工中防排水应与永久防排水设施相结合,以防、截、排、堵相结合。 ( )

8. 隧道施工中,复合式衬砌中防水层的施工在初期支护后即可进行。 ( )

9. 环境空气质量一级标准总悬浮物年平均为每立方米0.8毫克。 ( )

10. 验证试验可由承包商选定试验进行。 ( )

四、综合问答题

1. 试论述监理工程师在质量监理、进度监理、费用监理的职责和权限。

2. 某桥梁工程项目建设的承建商提供给监理工程师的施工网络计划如附录图6-1所示。监理工程师审核中发现施工计划安排不能满足施工总进度计划对该桥施工工期的要求(施工总进度计划要求 $T_r = 60$ 天)。监理工程师向承包商提出置疑时,承包商解释说,由于该计划中的每项工作作业时间均不能够压缩,且工地施工桥台的钢摸板只有一套,两个桥台只能顺序施工,若一定要压缩工作时间,可将西侧桥台基础的扩孔桩改为预制桩,但要修改设计,且需增加12万元的费用。监理工程师提出不同的看法。

经监理工程师审查确认,该桥的基础工程分包给了某专业基础工程公司。在东侧桥台的扩大基础施工时,基础工程公司发现地下有污水管道,但设计文件和勘测资料中均未有说明。由于处理地下污水管道,使东侧桥台的扩大基础施工时间由原计划的10天延长到13天。基础工程公司根据监理工程师签证的处理地下污水管道增加的工程量,向监理工程师提出增加分包合同外工作量费用和延长工期3天的索赔要求。

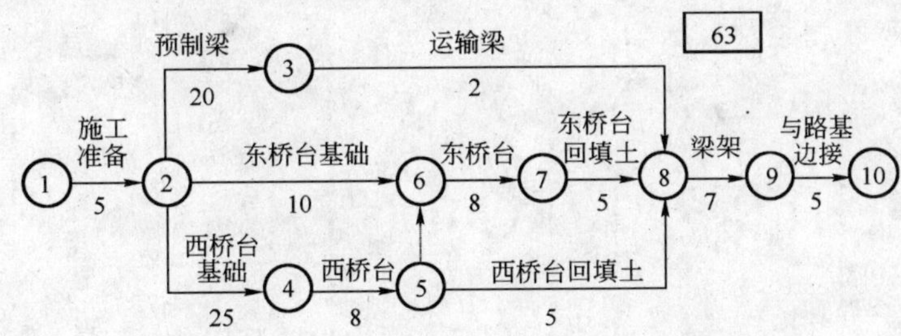

附录图 6-1

问题:(1)监理工程师应对该桥的施工网络计划提出什么建议?

(2)监理工程师应如何处理上述的索赔要求?

参考答案(略)